JN297319

第1級・第2級アマチュア無線技士国家試験準拠

基礎からよくわかる無線工学

JH1VIY　吉川 忠久 著

CQ出版社

まえがき

　現在，アマチュア無線技士の無線従事者資格を持っている人は 300 万人を超えています．そのうち 4 アマの資格が約 92 %，3 アマが約 5 %，2 アマが約 2 %，1 アマは 1 %以下です．

　上級の資格を持っている人が少ないことにはいろいろな理由があります．理由の一つは電気通信術（モールス符号の受信）がなかなか上達しないこと，もう一つは無線工学の問題が難しいことが挙げられます．電気通信術は，平成 17 年 12 月の国家試験から 1・2 アマの速度が 25 字毎分に統一されました．これは，それまでの 3 アマの試験基準なので，とても簡単になりました．また，その時期までに 3 アマを持っている人は，1・2 アマの電気通信術の試験は免除されます[注1]．

　それでは，無線工学についてはどうでしょうか．3・4 アマの資格を持っている人が既出問題集で学習すれば，試験問題の内容は理解できるはずです．また，試験問題中の用語もかなり知っているはずです．しかし，国家試験を受験してうまくいかなかった多くの人は「工学の計算問題がさっぱりわからない」と思われたのではないでしょうか．

　計算問題を解くには答えを覚えただけでは駄目です．その計算方法や必要な数学の知識について，十分に理解していないと類題に対応できません．

　そこで，本書では理解度を深めるために計算方法の基礎的なことから記述し，国家試験の計算問題を解くために必要な知識を効率よく学習できるようにまとめました．従って，本書で学習すれば計算問題は必ず攻略できるはずです．

　あわせて無線工学の説明問題や法規の問題を既出問題集で学習すれば，1・2 アマの国家試験に必ず合格できると思います．

　本書で学習された読者が 1・2 アマの国家試験に合格し，アマチュア無線を楽しむことに対してお役に立てれば幸いです．

　　2008 年 7 月　　　　　　　　　　　　　　　　　　　　　筆者しるす

(注1) 平成 23 年 12 月の国家試験から電気通信術の試験は廃止され，法規の試験においてモールス符号の理解度を確認する問題が出題されています．

● 本書の特長と使い方 ●

1. 本書は1・2アマの無線工学の試験科目のうち，計算問題について攻略することを目的として構成しました．これまでに物理や工業系の科目を学校で勉強したことがない人でも理解できるように，基礎的な計算方法から解説して，国家試験に出題される問題を解くために必要な最少限の公式や数値を記述しました．

2. 本書は国家試験に対応した学習が進められるように，次のように構成してあります．
   ① 計算問題を解くために必要な法則や公式を学習する．
   ② 理解を深めるために国家試験問題を解く．
   問題の解説は，読者が解く手順を手計算しなくても読むだけで分かるように，計算の過程を丁寧に記述しました．また，必要な数学の公式などの知識もあわせて記述してあります．

3. 本文中の「1アマ」，「2アマ」の表示はそれぞれの国家試験に出題された問題を示します．2アマの問題は1アマの問題よりも簡単ですが，1アマを受験する人も理解を深めるために,両方の問題を学習するとよいでしょう．

4. 電気物理の範囲の一部の公式や，電気回路の範囲の交流回路に用いる虚数 j の計算は2アマの国家試験問題を解くためには必要ありませんが，内容をより正確に理解するためには必要ですし，2アマを受験する人も次に1アマを受験するときのために，ひととおり学習しておくとよいでしょう．

5. 枠で囲った法則や公式，用語，ポイントなどは，本文を理解するために特に必要な内容です．本文とあわせて学習してください．

6. 巻末の公式集は，国家試験問題を解くために必要な公式をまとめて記載してあります．本文の問題を解くときや既出問題を解くときに利用してください．また，試験場で直前にチェックするのに活用するとよいでしょう．

目次

まえがき ··· 3
本書の特長と使い方 ·· 5

第1章　電気物理

1. クーロンの法則 ·· 11
2. 電界 ·· 17
3. 磁気に関するクーロンの法則 ··· 19
4. 電束，磁束 ··· 20
5. 電位 ··· 22
6. 静電容量 ·· 23
   (1) 導体球の静電容量 ·· 23
   (2) 平行平板電極の静電容量 ·· 24
7. コンデンサの接続 ·· 29
   (1) 直列接続 ··· 29
   (2) 並列接続 ··· 30
8. 静電エネルギー ·· 38
9. アンペアの法則 ·· 39
10. ビオ・サバールの法則 ·· 41

第2章　電気回路
（直流回路，過渡現象，交流回路）

1. オームの法則 ·· 43
2. キルヒホッフの法則 ··· 44
   (1) 第一法則(電流の法則) ··· 44
   (2) 第二法則(電圧の法則) ··· 44
3. 抵抗の接続 ··· 46
   (1) 直列接続 ··· 46
   (2) 並列接続 ··· 46

目　次

- **4.** 電圧源と電流源 ··· 52
    - (1) 起電力 ·· 52
    - (2) 電流源 ·· 53
- **5.** ミルマンの定理 ··· 53
- **6.** ブリッジ回路 ··· 57
- **7.** 直流の電力 ··· 60
- **8.** 過渡現象 ··· 64
    - (1) C-R 回路 ·· 64
    - (2) L-R 回路 ·· 65
- **9.** 交流回路 ··· 69
- **10.** 各素子の電流と電圧 ·· 73
- **11.** フェーザ表示 ·· 74
- **12.** インピーダンス ·· 75
- **13.** 各素子のフェーザ表示 ·· 76
    - (1) 抵抗回路 ·· 77
    - (2) インダクタンス回路 ······································ 77
    - (3) コンデンサ回路 ·· 78
- **14.** インピーダンスの計算 ·· 79
    - (1) 直列接続 ·· 79
    - (2) 並列接続 ·· 80
- **15.** アドミタンス ·· 85
- **16.** 共振回路 ·· 93
    - (1) 直列共振回路 ·· 94
    - (2) 並列共振回路 ·· 94
    - (3) 共振回路の Q ·· 98
- **17.** 変成器結合回路 ·· 100
- **18.** 交流の電力 ·· 102
    - (1) 抵抗の電力 ·· 102
    - (2) リアクタンスの電力 ······································ 103
    - (3) インピーダンスの電力 ···································· 104

目次

第3章　半導体および電子回路

1. 半導体 ··· 107
2. トランジスタ増幅回路 ··· 110
   - (1) バイアス回路 ·· 110
   - (2) h パラメータ ·· 113
3. FET 増幅回路 ·· 117
   - (1) バイアス回路 ·· 117
   - (2) 相互コンダクタンス ··· 117
4. 負帰還増幅回路 ··· 121
5. OP アンプ増幅回路 ·· 124
6. デシベル ·· 126
7. 発振回路 ·· 132
   - (1) 発振条件 ·· 132
   - (2) ハートレー発振回路 ··· 134
   - (3) コルピッツ発振回路 ··· 134

第4章　送信機・受信機

1. 送信機 ··· 137
   - (1) 振幅変調 ·· 137
   - (2) 振幅変調の側波 ·· 139
   - (3) 送信電力 ·· 139
2. 受信機 ··· 146
   - (1) スーパ・ヘテロダイン受信機 ··································· 146
   - (2) 影像周波数 ·· 148
   - (3) 高周波増幅器 ·· 151

第5章　電源

1. 整流電源回路 ··· 153
2. 変圧器(トランス) ·· 153
3. 整流器(整流ダイオード) ··· 156

　　　　(1) 各種整流回路・・・156
　　　　(2) 整流波形の直流電圧・・・・・・・・・・・・・・・・・・・・・・・・・・・・・・・・・156
　　　　(3) ダイオードの耐圧・・・・・・・・・・・・・・・・・・・・・・・・・・・・・・・・・・・159
　4. リプル率(リプル含有率)・・・・・・・・・・・・・・・・・・・・・・・・・・・・・・・・・・・・162
　5. 電圧変動率・・163
　6. 電圧の分圧・・164
　7. 定電圧電源・・166

第6章　アンテナ・給電線

　1. 周波数と波長・・169
　2. 半波長ダイポール・アンテナ・・・・・・・・・・・・・・・・・・・・・・・・・・・・・・170
　3. 垂直接地アンテナ・・・171
　4. 放射効率・・172
　5. 利得・・174
　6. 電界強度・・177
　7. 受信アンテナの誘起電圧・・・・・・・・・・・・・・・・・・・・・・・・・・・・・・・・・179
　　　　(1) 実効長・・179
　　　　(2) 誘起電圧・・・179
　8. 八木アンテナ・・・180
　　　　(1) 八木アンテナの構造・・・・・・・・・・・・・・・・・・・・・・・・・・・・・・180
　　　　(2) スタック配置・・・・・・・・・・・・・・・・・・・・・・・・・・・・・・・・・・・・181
　9. 給電線・・183
　　　　(1) 給電線の特性インピーダンス・・・・・・・・・・・・・・・・・・・・・183
　　　　(2) 反射係数・・・186
　　　　(3) 電圧定在波比(SWR)・・・・・・・・・・・・・・・・・・・・・・・・・・・・・186

第7章　電波の伝わり方

　1. 平面大地上の電界強度・・・・・・・・・・・・・・・・・・・・・・・・・・・・・・・・・・・191
　2. 電波の見通し距離・・195
　　　　(1) 数学的な見通し距離・・・・・・・・・・・・・・・・・・・・・・・・・・・・・195
　　　　(2) 電波の見通し距離・・・・・・・・・・・・・・・・・・・・・・・・・・・・・・・195

目　次

- **3. 電離層伝搬** ･････････････････････････････････ 196
    - (1) 臨界周波数 ･･･････････････････････････････ 197
    - (2) 最高使用可能周波数(MUF) ･･････････････････ 197
    - (3) 最低使用可能周波数(LUF) ･･････････････････ 199
    - (4) 最適使用周波数(FOT) ･････････････････････ 199

第8章　測定

- **1. 指示計器** ･･････････････････････････････････ 201
    - (1) 可動コイル形電流計 ････････････････････････ 201
    - (2) 分流器 ･･････････････････････････････････ 201
    - (3) 倍率器 ･･････････････････････････････････ 203
- **2. 電力の測定** ････････････････････････････････ 208
- **3. 接地抵抗の測定** ････････････････････････････ 210

無線工学公式集

- **1. 電気物理** ･････････････････････････････････ 213
- **2. 電気回路** ･････････････････････････････････ 217
- **3. 半導体・電子回路** ･･･････････････････････････ 224
- **4. 送信機・受信機** ････････････････････････････ 227
- **5. 電源** ･･･････････････････････････････････ 228
- **6. アンテナ・給電線・電波の伝わり方** ･･･････････････ 230
- **7. 測定** ･･･････････････････････････････････ 236
- **8. log と √** ･････････････････････････････････ 237
- **9. 単位の接頭語** ･･････････････････････････････ 242

第1章　電気物理

　計算問題が出題される電気物理の分野は，クーロンの法則，静電容量の計算，コイルのインダクタンスです．どれもそれほど難しい計算はありませんが，指数の計算が多いので指数の計算ができるように学習しましょう．

1．クーロンの法則

　図1.1のように真空中でr〔m〕離れた二つの点電荷Q_1, Q_2〔C：クーロン〕の間に働く力の大きさF〔N：ニュートン〕は，次式で表されます．

$$F = \frac{Q_1 Q_2}{4\pi \varepsilon_0 r^2}$$

$$\fallingdotseq 9 \times 10^9 \times \frac{Q_1 Q_2}{r^2} \text{〔N〕} \quad \cdots\cdots(1\text{-}1)$$

↑
「約」を表す記号．

　ただし，ε_0は真空の誘電率で次式の値を持ちます．「ε」はギリシャ文字のイプシロンです．

$$\varepsilon_0 \fallingdotseq \frac{1}{36\pi} \times 10^{-9} \text{〔F/m〕}$$

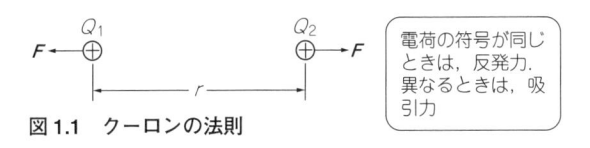

図1.1　クーロンの法則

電荷の符号が同じときは，反発力．異なるときは，吸引力．

　電気物理の分野では，法則の名前や単位は穴埋め問題として出題されることがあるので覚えておいた方がよいでしょう．もっとも，誘電率の単位〔F/m：ファラッド毎メートル〕は出題されたことはありません．

第1章　電気物理

指数の表し方

たくさん 0 がある数を表すときに，10 を何乗かした累乗を用います．このとき，0 の数を表す数字を指数といい，次のように表します．

$1 = 10^0$

$10 = 10^1$

$100 = 10^2$

あるいは，

$100 = 1 \times 10^2$

のように表します．

$9 \times 10^9 = 9{,}000{,}000{,}000$

$0.1 = \dfrac{1}{10} = 10^{-1}$

$0.01 = \dfrac{1}{100} = 10^{-2}$

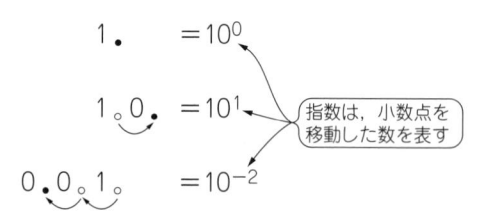

$1. \quad = 10^0$

$1.0. \quad = 10^1$

$0.0.1. \quad = 10^{-2}$

指数は，小数点を移動した数を表す

図 1.2　指数の表し方

静電気の力は，電荷の大きさに比例し，距離の 2 乗に反比例します．電荷は静電気力が発生する電気量なので，静電気力はこの値に比例します．

次に，距離の 2 乗に反比例する理由を考えます．それには，電気力線を使います．電気力線に関係する問題は 4 アマの国家試験でも出題されています．電気力線は，電荷による力を表すために考えられた仮想的な線です．その線の密度と電気力の大きさは比例します．国家試験の問題は，図 1.1 のように平面上の線で表していますが，物理的には図 1.3 のように空間に存在する点を表します．図 1.3 のように単位面積を通過する電気力線の数は，距離の 2

乗に反比例し，距離が2倍になると $\frac{1}{4}$ になります．

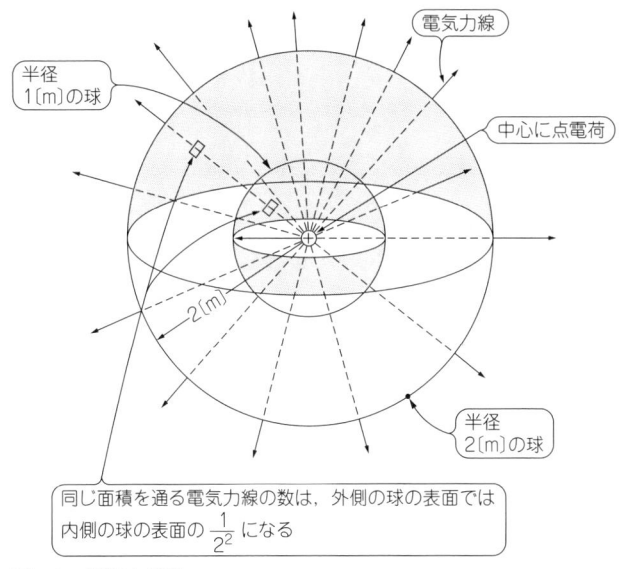

図1.3　電気力線数

　電荷による力はベクトル量なので，これらの合成力を求めるときはベクトル和として扱います．ベクトル量は大きさと方向を持った量です．4〔N〕の力と3〔N〕の力を合成する場合に，**図1.4**(a)のように同じ方向なら，その大きさは，

　　4 + 3 = 7〔N〕

になりますが，**図1.4**(b)のように方向が逆なら，

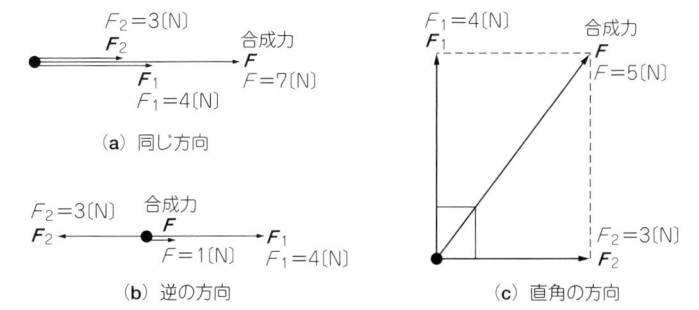

図1.4　電気力の合成

第1章　電気物理

$$4 - 3 = 1 \text{〔N〕}$$

となります.

また，**図 1.4**(c)のように直角の位置にあると，

$$\sqrt{4^2 + 3^2} = \sqrt{25} = 5 \text{〔N〕}$$

となります.

√の計算

√（ルート）の解は，2乗する（同じ数を2回掛ける）と元の数になる数です.

$$\sqrt{25} = \sqrt{5 \times 5} = 5$$
$$\sqrt{2} = \sqrt{1.41 \cdots \times 1.41 \cdots} \fallingdotseq 1.41$$
$$\sqrt{3} = \sqrt{1.73 \cdots \times 1.73 \cdots} \fallingdotseq 1.73$$

「≒」は約を表す記号です.

単に力というと，大きさと方向を持ったベクトル量となり，記号は F で表されます．その大きさは絶対値記号を用いた $|F|$ や F で表します.

力の単位

力の単位は〔N：ニュートン〕で表します．地表で1〔kg〕の質量に働く重力の大きさが約9.8〔N〕です.

問題1（2アマ）

次の記述は，二つの電荷の間に働く力について述べたものである．□□内に入れるべき字句を下の番号から選べ．

二つの電荷の間に働く力の大きさは ア の積に イ し，電荷間の距離の ウ に エ する．このときの力の方向は二つの電荷を結ぶ直線上にある．これを静電気に関する オ の法則という．

1.　電荷　　　　2.　磁極　　　　3.　比例
4.　反比例　　　5.　2乗　　　　6.　3乗
7.　クーロン　　8.　静電誘導　　9.　フレミング
10.　レンツ

【解説】

10 の選択肢を五つの穴に埋める穴埋め補完式の問題では，ほとんどの問題でそれぞれの穴に入る選択肢は二つに絞ることができます．

アは 1 か 2 ですが，答えは 1 です．イは 3 か 4 ですが，電荷が大きくなるとそれに伴って力も大きくなるので，答えは 3 です．

ウは 5 か 6 ですが，答えは 5 です．エは 3 か 4 ですが，答えは 4 です．

特に問題文のなかに注意がない限り，選択肢は 1 カ所にしか入りません．

オの答えは 7 です．

静電誘導は，電荷の近くにある物質に反対の電荷が生ずる現象です．フレミングの法則は，電磁力の方向や誘導電流の向きを表します．レンツの法則は，誘導起電力の向きを表します．

【解答】　ア．1　　イ．3　　ウ．5　　エ．4　　オ．7

問題2 (2アマ)

二つの点電荷 Q_1，Q_2 が距離 r [m] 離れて置かれているとき，両電荷の間に働く力 F を表す式として，正しいものを下の番号から選べ．ただし，比例定数を K とする．

1. $F = K \dfrac{Q_2}{Q_1} r$　　2. $F = K \dfrac{Q_1 Q_2}{r}$　　3. $F = K \dfrac{Q_1 Q_2}{r^2}$

4. $F = K \dfrac{\sqrt{Q_1 Q_2}}{r}$　　5. $F = K \dfrac{Q_1 + Q_2}{r^2}$

【解説】

両電荷間に働く力の大きさ F [N] は，それぞれの電荷 Q_1，Q_2 [C] に比例し，両電荷間の距離 r [m] の 2 乗に反比例します．真空中の場合の比例定数 K は次式で表されます．

$$K = \dfrac{1}{4\pi\varepsilon_0} \fallingdotseq 9 \times 10^9$$

ただし，ε_0 は真空の誘電率

【解答】　3

第1章 電気物理

問題3 (1アマ)

真空中に$3 \, [\mu C]$および$-4 \, [\mu C]$の二つの点電荷が$20 \, [cm]$離れて存在しているとき, この二つの点電荷間に働く吸引力の値として, 正しいものを下の番号から選べ. ただし, 真空の誘電率ε_0は,

$$\varepsilon_0 \fallingdotseq \frac{1}{36\pi} \times 10^{-9} \, [F/m]$$ とする.

1. $0.27 \, [N]$　　2. $0.54 \, [N]$　　3. $1.2 \, [N]$　　4. $2.7 \, [N]$　　5. $4.5 \, [N]$

【解説】

真空中で$r = 20 \, [cm] = 0.2 \, [m]$, 離れた二つの点電荷$Q_1 = 3 \, [\mu C] = 3 \times 10^{-6} \, [C]$, $Q_2 = 4 \, [\mu C] = 4 \times 10^{-6} \, [C]$の間に働く力の大きさ$F \, [N]$は, 次式で表されます.

$$F = \frac{Q_1 Q_2}{4\pi \varepsilon_0 r^2}$$

$$\fallingdotseq 9 \times 10^9 \times \frac{3 \times 10^{-6} \times 4 \times 10^{-6}}{0.2^2}$$

$$= \frac{9 \times 3 \times 4}{0.04} \times 10^{9-6-6}$$

$$= \frac{108}{4 \times 10^{-2}} \times 10^{-3}$$

$$= 27 \times 10^{-3+2} = 2.7 \, [N]$$

ただし,

$$\frac{1}{4\pi \varepsilon_0} \fallingdotseq \frac{1}{4\pi} \times 36\pi \times 10^9$$

$$= 9 \times 10^9$$

単位の接頭語「μ」(マイクロ)は, 10^{-6}を表します.

$Q_1 = 3 \, [\mu C]$　　　　　　　　　　　$Q_2 = 4 \, [\mu C]$
⊕ ——→ F　　　　　　F ←—— ⊖
|←————— $r = 20 \, [cm]$ —————→|

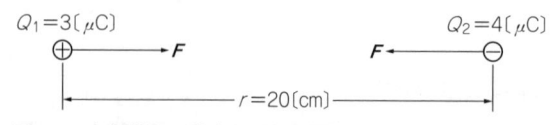

図1.5　点電荷間に働く吸引力の計算

【解答】　4

指数の計算

真数の掛け算は指数の足し算，真数の割り算は指数の引き算で計算します．

$$100 = 10 \times 10 = 10^1 \times 10^1 = 10^{1+1} = 10^2$$

$$0.1 = 1 \div 10 = 10^0 \div 10^1 = 10^{0-1} = 10^{-1}$$

$$0.01 = 0.1 \times 0.1 = 10^{(-1)+(-1)} = 10^{-2}$$

$$\frac{1}{100} \times \frac{1}{0.01} = 10^{-2} \times 10^{-(-2)}$$

$$= 10^{-2+2}$$

$$= 10^0 = 1$$

2. 電界

電荷による力が働いている状態のことを電界といいます．

電界の大きさは，電界中に置いた単位正電荷($+1$〔C〕)に働く力の大きさで表されます．

真空中(誘電率 ε_0)に点電荷 Q〔C〕を置いたとき，点電荷から r〔m〕離れた点の電界の大きさ E〔V/m〕は次式で表されます．

$$E = \frac{Q}{4\pi\varepsilon_0 r^2} \text{〔V/m〕} \qquad \cdots\cdots (1\text{-}2)$$

クーロンの法則

二つの点電荷 Q_1，Q_2 間の力の大きさ F は，

$$F = \frac{Q_1 Q_2}{4\pi\varepsilon_0 r^2} \text{〔N〕}$$

少し難しい１アマの問題を解いてみましょう．

第1章　電気物理

問題4（1アマ）

図 1.6 に示すように，空気中において A 点に +4〔μC〕，B 点に +36〔μC〕の点電荷があるとき，AB 間の P 点において電界が 0 になった．P 点から A 点までの距離の値として，正しいものを下の番号から選べ．ただし，AB 間の距離は 1〔m〕とする．

1. 0.1〔m〕
2. 0.16〔m〕
3. 0.25〔m〕
4. 0.36〔m〕
5. 0.4〔m〕

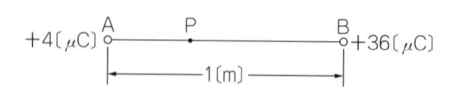

+4〔μC〕 A　　P　　B +36〔μC〕
　　　　　　←――1〔m〕――→

図 1.6

【解説】

クーロンの法則による電界の大きさを表す式を簡単にすると，次式で表されます．

$$E = K\frac{Q}{r^2}$$

ただし，

$$K = \frac{1}{4\pi\varepsilon_0} \fallingdotseq 9 \times 10^9$$

電界は電荷に比例して，距離の 2 乗に反比例するので，A 点の電荷 Q_1 による電界と B 点の電荷 Q_2 による電界の大きさが等しいときは，次式が成り立ちます．

$$K\frac{Q_1}{r_1^2} = K\frac{Q_2}{r_2^2}$$

よって，

$$\frac{Q_1}{r_1^2} = \frac{Q_2}{r_2^2}$$

式を変形して，

$$\frac{r_2^2}{r_1^2} = \frac{Q_2}{Q_1}$$

$Q_1 = 4$〔μC〕，$Q_2 = 36$〔μC〕だから，

$$\frac{r_2^2}{r_1^2} = \frac{36}{4} = 9$$

両辺の $\sqrt{\ }$ をとれば，

$$\frac{r_2}{r_1} = \sqrt{9} = \sqrt{3 \times 3}$$

したがって，

$$\frac{r_2}{r_1} = 3$$

r_1 は r_2 の $\frac{1}{3}$ なので，全体の長さ(1 [m])に対する r_1 の比は $\frac{1}{4}$ になるから，

$$r_1 = \frac{1}{4} = 0.25 \text{ [m]}$$

のとき，電界がつり合って0になります．

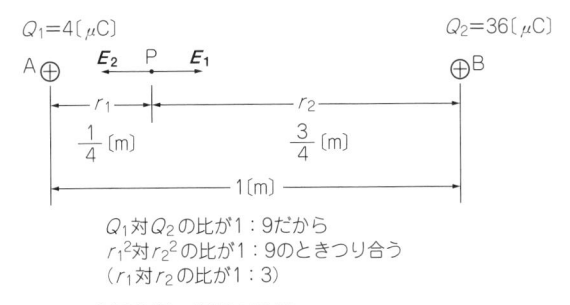

図1.7　点電荷間の距離の計算

【解答】　3

3. 磁気に関するクーロンの法則

真空中で r [m] 離れた二つの点磁極 m_1, m_2 [Wb：ウェーバ] の間に働く力の大きさ F [N] は次式で表されます．

$$F = \frac{m_1 m_2}{4\pi \mu_0 r^2} \text{ [N]} \qquad \cdots\cdots (1\text{-}3)$$

ただし，μ_0 は真空の透磁率で次式の値を持ちます．「μ」はギリシャ文字のミューです．

19

$$\mu_0 = 4\pi \times 10^{-7} \text{ [H/m:ヘンリー毎メートル]}$$

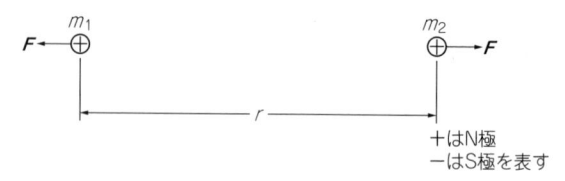

図1.8 磁気に関するクーロンの法則

電界と同じように，真空中（透磁率 μ_0）に点磁極 m〔Wb〕を置いたとき，r〔m〕離れた点の磁界の大きさ H〔A/m：アンペア毎メートル〕は次式で表されます．

$$H = \frac{m}{4\pi\mu_0 r^2} \text{ [A/m]} \quad \cdots\cdots\text{(1-4)}$$

4．電束，磁束

電荷 Q〔C〕から飛び出す電気量の束を電束といい，単位面積を通過する電束数を電束密度 D〔C/m²〕といいます．真空中に点電荷 Q〔C〕を置いたとき，点電荷から発生する全電束 Φ〔C〕および全電気力線数 N は，次式で表されます．「Φ」はギリシャ文字（大文字）のファイです．

$$\Phi = Q \text{ [C]} \quad \cdots\cdots\text{(1-5)}$$

$$N = \frac{Q}{\varepsilon_0} \quad \cdots\cdots\text{(1-6)}$$

電気力線密度 n は，電界の大きさ E〔V/m〕と同じであると定められているので，電界 E と電束密度 D〔C/m²〕には次の関係があります．

$$D = \varepsilon_0 E \text{ [C/m}^2\text{]} \quad \cdots\cdots\text{(1-7)}$$

同じように磁極の大きさ m〔Wb〕から発生する磁気量の束を磁束といい，単位面積を通過する磁束数を磁束密度 B〔T：テスラ〕といいます．

磁力線密度 n は，磁界の大きさ H〔A/m〕と同じであると定められているので，磁界 H と磁束密度 B〔T〕の関係は次式で表されます．

$$B = \mu_0 H \text{ [T]} \quad \cdots\cdots\text{(1-8)}$$

真空中に点磁極 m〔Wb〕を置いたとき，点磁極から発する全磁束 Φ〔Wb〕

および全磁力線数 N は，次式で表されます．

$$\Phi = m \,\text{[Wb]} \qquad \cdots\cdots (1\text{-}9)$$

$$N = \frac{m}{\mu_0} \qquad \cdots\cdots (1\text{-}10)$$

問題 5 (1 アマ)

空気中において，磁極の強さ m 〔Wb〕の磁極から距離 r 〔m〕離れた点の磁束密度 B 〔T〕を表す式として，正しいものを下の番号から選べ．

1. $B = \dfrac{m}{2\pi r}$　　2. $B = \dfrac{m^2}{2\pi r^2}$　　3. $B = \dfrac{m}{4\pi r}$

4. $B = \dfrac{m}{4\pi r^2}$　　5. $B = \dfrac{m^2}{4\pi r^2}$

【解説】

空気中(透磁率は真空中とほぼ等しい)において，磁極の強さ m 〔Wb〕の磁極から距離 r 〔m〕離れた点の磁界の強さ H 〔A/m〕は，次式で表されます．

$$H = \frac{m}{4\pi \mu_0 r^2} \qquad \cdots\cdots (1\text{-}11)$$

磁界の大きさ H 〔A/m〕と磁束密度 B 〔T〕には，次式の関係があります．

$$B = \mu_0 H \qquad \cdots\cdots (1\text{-}12)$$

(1-12)式に(1-11)式を代入すると，

$$B = \mu_0 \times \frac{m}{4\pi \mu_0 r^2}$$

$$= \frac{m}{4\pi r^2}$$

【解答】　4

問題 6 (1 アマ)

空気中において，磁極の強さ $m = 3.14 \times 10^{-6}$ 〔Wb〕の磁極から 2 〔m〕離れた点における磁束密度 B 〔T〕と磁界の強さ H 〔A/m〕の値の組み合わせとして，正しいものは次のうちどれか．ただし，真空中の透磁率を $\mu_0 = 1.257 \times 10^{-6}$ 〔H/m〕，空気中の比透磁率を $\mu_s = 1$ とする．

	B	H
1.	5.0×10^{-8} 〔T〕	6.29×10^{-2} 〔A/m〕
2.	6.25×10^{-8} 〔T〕	4.97×10^{-2} 〔A/m〕
3.	7.96×10^{-8} 〔T〕	6.33×10^{-2} 〔A/m〕
4.	25.0×10^{-8} 〔T〕	19.89×10^{-2} 〔A/m〕
5.	78.5×10^{-8} 〔T〕	62.45×10^{-2} 〔A/m〕

【解説】

磁極の強さ m〔Wb〕の磁極から距離 r〔m〕離れた点の磁束密度 B〔T〕は，次式で表されます．

$$B = \frac{m}{4\pi r^2}$$

↓ 16で割りやすいよう100にする．

$$= \frac{3.14 \times 10^{-6}}{4 \times 3.14 \times 2^2} = \frac{1}{4 \times 4} \times 10^{-6} = \frac{10^2}{16} \times 10^{-6-2}$$

$$= 6.25 \times 10^{-8} 〔T〕$$

↑ $10^2 \times 10^{-2} = 1$ だから値が変わらない．

問題の条件より，空気中の透磁率を $\mu = \mu_s \mu_0 = \mu_0$ として，磁界の強さ H〔A/m〕を求めると，次式で表されます．

$$H = \frac{m}{4\pi\mu_0 r^2} = \frac{B}{\mu_0}$$

$$= \frac{6.25 \times 10^{-8}}{1.257 \times 10^{-6}} = \frac{6.25}{1.257} \times 10^{-8+6} \fallingdotseq 4.97 \times 10^{-2} 〔A/m〕$$

【解答】　2

5．電位

電界中に置かれた電荷には力が働きます．その電荷をある距離あるいは無限遠まで移動させるには仕事をします．このとき，電荷が置かれた位置の単位正電荷（＋1〔C〕）が持つ仕事量（エネルギー）を電位といいます．

平等電界 E〔V/m〕の中で ℓ〔m〕離れた点の電位 V〔V〕は，次式で表されます．

$$V = E\ell 〔V〕 \quad\quad \cdots\cdots(1\text{-}13)$$

真空中に点電荷 Q〔C〕を置いたとき，点電荷から r〔m〕離れた点の電位 V

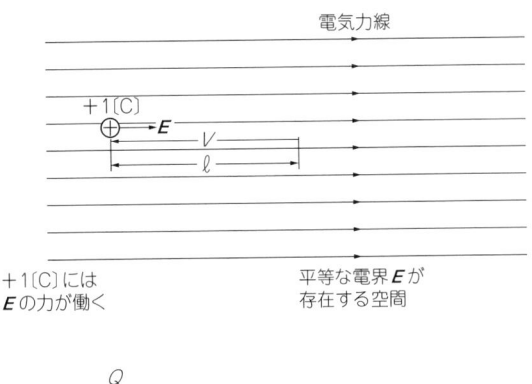

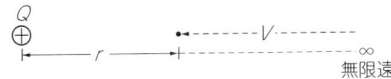

図1.9 電位の表し方

〔V〕は次式で表されます.

$$V = \frac{Q}{4\pi\varepsilon_0 r} \text{〔V〕} \qquad \cdots\cdots(1\text{-}14)$$

6. 静電容量

(1) 導体球の静電容量

真空中に孤立した半径 a〔m〕の導体球に電荷 Q〔C〕を与えると，表面の電位 V〔V〕は，次式で表されます.

$$V = \frac{Q}{4\pi\varepsilon_0 a} \text{〔V〕} \qquad \cdots\cdots(1\text{-}15)$$

これより，次式が成り立ちます.

$$\begin{aligned} Q &= 4\pi\varepsilon_0 aV \\ &= CV \end{aligned} \qquad \cdots\cdots(1\text{-}16)$$

ここで C を静電容量といいます.

導体球の静電容量 C〔F：ファラッド〕は，

$$C = 4\pi\varepsilon_0 a \text{〔F〕} \qquad \cdots\cdots(1\text{-}17)$$

で表されます.

第1章　電気物理

> **静電容量**
>
> 　静電容量は，電荷を蓄えることができる金属板などに電圧を与えたときに，どのくらいの電荷を蓄えることができるかを表す定数です．

　地球を真空中の導体球とみなして静電容量を計算してみましょう．地球の半径は約 6,380〔km〕，$4\pi\varepsilon_0$ は約 $\dfrac{1}{9\times 10^9}$ ですから，答えは約 709〔μF〕となります．この値は電源回路に用いる平滑コンデンサと同じくらいの値であり，意外に小さい値です．

(2) 平行平板電極の静電容量

　図 **1.10** に示すような平行平板電極の面積を S〔m²〕，厚さを d〔m〕，誘電体の誘電率を ε〔F/m〕とすると，静電容量 C〔F〕は次式で表されます．

$$C = \varepsilon \frac{S}{d} \text{〔F〕} \qquad \cdots\cdots(1\text{-}18)$$

ここで，

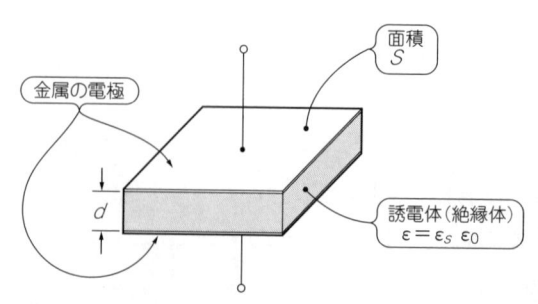

図 1.10　平行平板電極の構造

$$\varepsilon = \varepsilon_S \varepsilon_0 \quad \text{ただし,} \ \varepsilon_S \text{は比誘電率}$$

静電容量を持つ部品をコンデンサといいます．電極に挟んだ誘電体の違いによっていろいろな種類のコンデンサがありますが，ほとんどのコンデンサが平行平板電極を持つ構造です．

問題 7 (2アマ)

次の記述は，平行板コンデンサの静電容量について述べたものである．☐内に入れるべき字句を下の番号から選べ．

(1) 平行板コンデンサの静電容量は，向かいあった二つの金属板の面積に ☐ア☐ し，金属板の間隔に ☐イ☐ する．また，両金属板の間の誘電体として，比誘電率が5のマイカを用いたときの静電容量は，空気を用いたときの静電容量のほぼ ☐ウ☐ 倍になる．

(2) 1〔V〕の電圧を加えたとき1〔C〕の電荷を蓄えるコンデンサの静電容量は ☐エ☐ 〔F〕である．また，静電容量が2〔μF〕のコンデンサに50〔V〕の電圧を加えたとき，蓄えられる電荷の量は，☐オ☐〔μC〕である．

1. 比例
2. 2乗に反比例
3. 1
4. 2
5. 5
6. 反比例
7. 2乗に比例
8. 25
9. 100
10. 200

【解説】

(1) 面積 S〔m^2〕，厚さ d〔m〕，誘電体の比誘電率を ε_S とすると，静電容量 C〔F〕は，

$$C = \varepsilon_S \varepsilon_0 \frac{S}{d} \ \text{〔F〕} \quad \cdots\cdots (1\text{-}19)$$

で表されます．(1-19)式において，S と C は比例し，d と C は反比例します．空気の比誘電率 $\varepsilon_S \fallingdotseq 1$ なので，比誘電率が5の誘電体では空気を用いたときの5倍になります．

(2) 電圧を $V = 1$〔V〕，電荷を $Q = 1$〔C〕とすると，静電容量 C〔F〕は次式で表されます．

$$C = \frac{Q}{V} = \frac{1}{1} = 1 \ \text{〔F〕}$$

静電容量を $C = 2\,[\mu\mathrm{F}] = 2 \times 10^{-6}\,[\mathrm{F}]$，電圧を $V = 50\,[\mathrm{V}]$ とすると，電荷 $Q\,[\mathrm{C}]$ は次式で表されます．

$$Q = CV = 2 \times 10^{-6} \times 50$$
$$= 100 \times 10^{-6}\,[\mathrm{C}] = 100\,[\mu\mathrm{C}]$$

【解答】　ア．1　　イ．6　　ウ．5　　エ．3　　オ．9

問題8 (1アマ)

次の記述は，コンデンサの構造や用途について述べたものである．☐内に入れるべき字句の正しい組み合わせを下の番号から選べ．

(1) コンデンサの誘電体として空気を利用したものを空気コンデンサといい，容量のわりに形は大きく，同調用の A コンデンサなどに用いられる．

(2) アルミニウムはくの表面に作られた極めて薄い酸化皮膜を誘電体としたものは B コンデンサといい，大容量のものが作られるが，極性があるので主に C である．

	A	B	C
1.	バイパス	フィルム	高周波用
2.	バイパス	フィルム	直流用
3.	バイパス	電解	高周波用
4.	可変	電解	直流用
5.	可変	電解	高周波用

【解説】

写真1.1　可変コンデンサ（バリコン）の外見

可変コンデンサ(バリコン)(**写真 1.1**)は，半円形の 2 枚の電極を持っています．片方の電極を回転して電極の向かい合う部分の面積を変化させることで，静電容量を変化させることができます．

【解答】 4

問題 9 (1 アマ)

図 1.11 に示す，平行板コンデンサの静電容量の値として，最も近いものを下の番号から選べ．ただし，電極の面積：$S = 30$ [cm^2]，電極間の距離：$d = 5$ [mm]，真空の誘電率：$\varepsilon_0 = 8.855 \times 10^{-12}$ [F/m] および誘電体の比誘電率：$\varepsilon_S = 6$ とする．

1. 10 [pF]
2. 32 [pF]
3. 74 [pF]
4. 1.5 [μF]
5. 8 [μF]

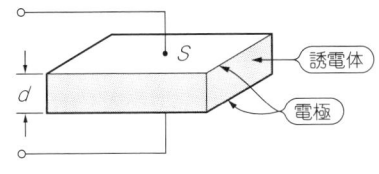

図 1.11

【解説】

面積 S [m^2]，厚さ d [m]，誘電体の比誘電率を ε_S とすると，静電容量 C [F] は次式で表されます．

$$C = \varepsilon_S \varepsilon_0 \frac{S}{d} \fallingdotseq 6 \times 8.9 \times 10^{-12} \times \frac{30 \times 10^{-4}}{5 \times 10^{-3}}$$

↓ cm^2 を m^2 に直す．

有効数字 2 桁の計算で十分．

$$= 6 \times 8.9 \times 6 \times 10^{-4+3} \times 10^{-12}$$

$$\fallingdotseq 32 \times 10^{-12} \text{[F]} = 32 \text{[pF]}$$

ただし，1 [cm^2] を 1 [m^2] に直すには，

1 [m^2] = 100 [cm] × 100 [cm]
= 10^2 [cm] × 10^2 [cm] = 10^4 [cm^2]

よって，

1 [cm^2] = 10^{-4} [m^2]

【解答】 2

第1章 電気物理

> **pFとμF**
>
> 国家試験問題では，静電容量の単位の接頭語に，p(ピコ)とμ(マイクロ)がよく使われます．
>
> $\mu = 10^{-6}$
>
> $p = 10^{-12}$
>
> を表します．解答の選択肢の単位をあらかじめ確かめて，計算の途中で累乗の数が一致するように計算するのが上手な計算方法です．

問題 10 (1アマ)

静電容量が 36〔pF〕である平行板コンデンサの電極間の距離を半分とし，電極間の誘電体の比誘電率を 3 倍にしたときの静電容量の値として，正しいものを下の番号から選べ．

1. 54〔pF〕　　2. 162〔pF〕　　3. 216〔pF〕
4. 324〔pF〕　　5. 432〔pF〕

【解説】

面積を S〔m²〕，変化後の距離を $d_x = \dfrac{d}{2}$〔m〕，誘電体の誘電率を ε_x（比誘電率 $\varepsilon_{Sx} = 3\varepsilon_S$）とすると，静電容量 C_x〔F〕は次式で表されます．

$$C_x = \varepsilon_x \frac{S}{d_x} = \varepsilon_{Sx}\varepsilon_0 \frac{S}{d_x}$$

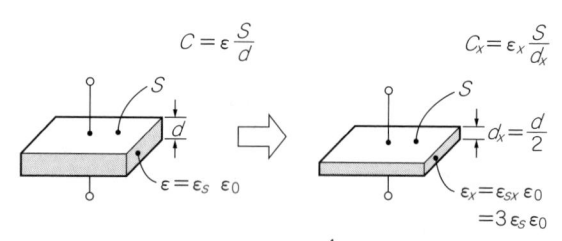

図 1.12　静電容量の計算

$$= 3\,\varepsilon_S\varepsilon_0\frac{S}{\dfrac{d}{2}} = 3\,\varepsilon_S\varepsilon_0\frac{S\times 2}{\dfrac{d}{2}\times 2}$$

$$= 6\,\varepsilon_S\varepsilon_0\frac{S}{d} = 6C$$

よって,元の値の静電容量 C の 6 倍になります.ここで,$C = 36$ 〔pF〕を代入すると,

$$C_x = 6 \times 36 = 216\,〔\text{pF}〕$$

【解答】 3

7. コンデンサの接続

いくつかのコンデンサを直列または並列に接続したときに,それらを一つのコンデンサに置き換えた値を合成静電容量といいます.

(1) 直列接続

図 1.13(a)に示すように,直列に接続された各コンデンサに蓄えられた電荷を Q〔C〕,加わる電圧を V_1,V_2,V_3〔V〕とすると,全電圧 V〔V〕は,

$$V = V_1 + V_2 + V_3$$

$$= \frac{Q}{C_1} + \frac{Q}{C_2} + \frac{Q}{C_3}$$

$$= \left(\frac{1}{C_1} + \frac{1}{C_2} + \frac{1}{C_3}\right)Q = \frac{1}{C_S}Q$$

図 1.13 コンデンサの接続

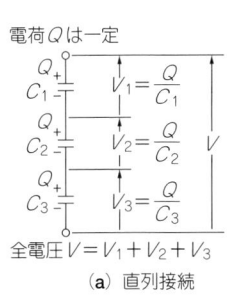

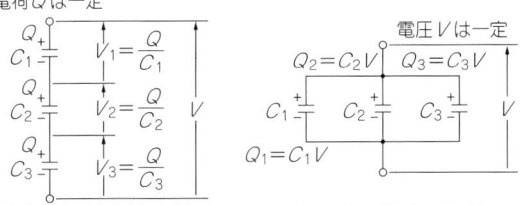

したがって，直列に接続したときの合成静電容量 C_S 〔F〕は次式で表されます．

$$\frac{1}{C_S} = \frac{1}{C_1} + \frac{1}{C_2} + \frac{1}{C_3} \qquad \cdots\cdots(1\text{-}20)$$

コンデンサが二つの場合は，次式を使って計算できます．

$$C_S = \frac{C_1 C_2}{C_1 + C_2} \text{〔F〕} \qquad \cdots\cdots(1\text{-}21)$$

(2) 並列接続

図 1.13(b)に示すように，並列に接続された各コンデンサに蓄えられた電荷を Q_1, Q_2, Q_3〔C〕，加わる電圧を V〔V〕とすると，全電荷 Q〔C〕は，

$$Q = C_1 V + C_2 V + C_3 V$$
$$= (C_1 + C_2 + C_3)V = C_P V$$

よって，並列に接続したときの合成静電容量 C_P〔F〕は，次式で表されます．

$$C_P = C_1 + C_2 + C_3 \text{〔F〕} \qquad \cdots\cdots(1\text{-}22)$$

問題 11 (2アマ)

図 1.14 に示す回路において，静電容量が $C_1 = 8$〔μF〕であるコンデンサに蓄えられている電荷が $Q_1 = 2 \times 10^{-5}$〔C〕であるとき，静電容量が $C_2 = 2$〔μF〕のコンデンサに蓄えられる電荷の値として，正しいものを下の番号から選べ．

1. 2×10^{-6}〔C〕
2. 3×10^{-6}〔C〕
3. 4×10^{-6}〔C〕
4. 5×10^{-6}〔C〕
5. 8×10^{-6}〔C〕

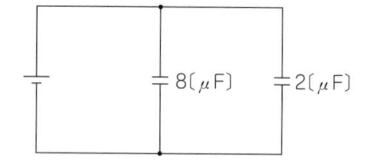

図 1.14

【解説】

二つのコンデンサは起電力(電圧源)と並列に接続されているので，加わる電圧が同じであることに着目して答えを導きます．

コンデンサに加わる電圧を V〔V〕とすると，コンデンサの静電容量 $C_1 = 8$〔μF〕$= 8 \times 10^{-6}$〔F〕と電荷 $Q_1 = 2 \times 10^{-5}$〔C〕が分かっているので，次式で表されます．

$$V = \frac{Q_1}{C_1} = \frac{2 \times 10^{-5}}{8 \times 10^{-6}}$$

$$= \frac{1}{4} \times 10^{-5-(-6)} = 0.25 \times 10^1 = 2.5 \text{ (V)}$$

静電容量が $C_2 = 2 \text{ (}\mu\text{F)} = 2 \times 10^{-6} \text{ (F)}$ のコンデンサに蓄えられる電荷 $Q_2 \text{ (C)}$ は次式で表されます.

$$Q_2 = C_2 V = 2 \times 10^{-6} \times 2.5 = 5 \times 10^{-6} \text{ (C)}$$

【解答】 4

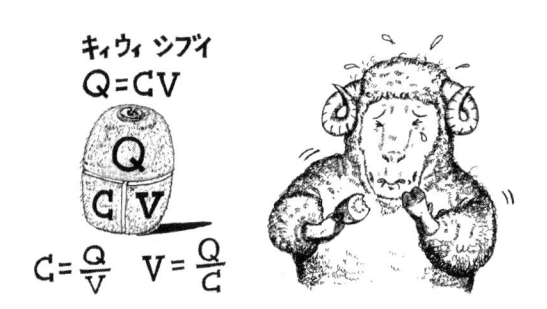

問題 12 (1アマ)

次の記述は，図 1.15 に示す回路について述べたものである．□ 内に入れるべき字句の正しい組み合わせを下の番号から選べ．ただし，コンデンサ C_1, C_2 の静電容量はそれぞれ 4 〔μF〕とする．

(1) スイッチ SW を切断(OFF)しているとき，C_1 の電圧は，□ A □ である．
(2) スイッチ SW を切断(OFF)しているとき，C_2 に蓄えられる電荷の量は，□ B □ である．
(3) スイッチ SW を接続(ON)しているとき，C_1 に蓄えられる電荷の量は，□ C □ である．

	A	B	C
1.	4 〔V〕	16 〔μC〕	64 〔μC〕
2.	4 〔V〕	16 〔μC〕	32 〔μC〕
3.	8 〔V〕	16 〔μC〕	32 〔μC〕
4.	8 〔V〕	32 〔μC〕	32 〔μC〕
5.	8 〔V〕	32 〔μC〕	16 〔μC〕

図 1.15

【解説】

(1) 二つのコンデンサの静電容量が同じ値なので，それぞれに加わる電圧は，電源電圧 $E = 8$〔V〕の $\frac{1}{2}$ になるので 4〔V〕です．

(2) スイッチ SW を切断(OFF)しているとき，$C_2 = 4$〔μF〕に加わる電圧は $V_2 = 4$〔V〕だから，電荷 Q_2〔C〕は次式で表されます．

$$Q_2 = C_2 V_2 = 4 \times 10^{-6} \times 4$$
$$= 16 \times 10^{-6}〔C〕= 16〔\mu C〕$$

(3) スイッチ SW を接続(ON)しているとき，$C_1 = 4$〔μF〕に加わる電圧は電源電圧と同じになるので $V_1 = E = 8$〔V〕だから，

$$Q_1 = C_1 V_1 = 4 \times 10^{-6} \times 8$$
$$= 32 \times 10^{-6}〔C〕= 32〔\mu C〕$$

【解答】　2

コンデンサで構成された回路に関する問題はたくさん出題されています．次は，合成静電容量を求める問題を解いてみましょう．

問題 13 (2アマ)

図 **1.16** に示す回路において，端子 ab 間の合成の静電容量の値として正しいものを下の番号から選べ．

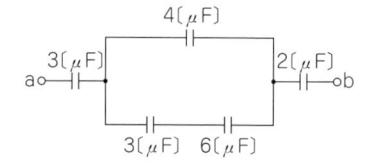

1. 0.5〔μF〕
2. 1.0〔μF〕
3. 1.5〔μF〕
4. 3.0〔μF〕
5. 4.5〔μF〕

図 1.16

【解説】

合成静電容量を求めるときは，並列接続または直列接続された回路を独立に計算していきます．この問題では図 **1.17** のように，$C_3 = 3$〔μF〕と $C_4 = 6$〔μF〕から計算します．これら二つのコンデンサの合成静電容量を C_a〔μF〕とすると，次式で表されます．

$$C_a = \frac{C_3 \times C_4}{C_3 + C_4} = \frac{3 \times 6}{3 + 6} = \frac{18}{9} = 2〔\mu F〕$$

合成静電容量の計算のように，式中の単位と答えの単位が変わらないものは，μ を 10^{-6} に変換しなくても計算できます．

次に，$C_a = 2\,[\mu\mathrm{F}]$ と $C_2 = 4\,[\mu\mathrm{F}]$ の並列接続された回路の合成静電容量 $C_b\,[\mu\mathrm{F}]$ を求めると，

$$C_b = C_a + C_2 = 2 + 4 = 6\,[\mu\mathrm{F}]$$

よって，ab 間の合成静電容量 $C_0\,[\mu\mathrm{F}]$ は，三つのコンデンサの直列接続だから，

$$\frac{1}{C_0} = \frac{1}{C_1} + \frac{1}{C_b} + \frac{1}{C_5} = \frac{1}{3} + \frac{1}{6} + \frac{1}{2}$$

分数の足し算では，分母を同じ値に直してから分子を足します．

$$= \frac{1 \times 2}{3 \times 2} + \frac{1}{6} + \frac{1 \times 3}{2 \times 3} = \frac{2 + 1 + 3}{6}$$

$$= \frac{6}{6} = 1$$

分母と分子を入れ替えても同じ値だから，

$$C_0 = 1\,[\mu\mathrm{F}]$$

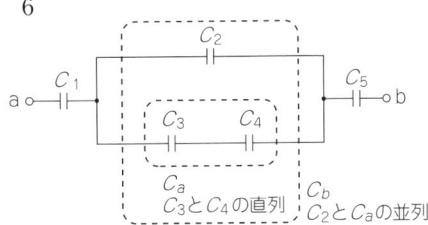

図 1.17 静電容量の計算

直列接続の合成静電容量

合成静電容量は，直列接続されたコンデンサのそれぞれの静電容量のうちで一番小さい値（問題 13 では C_5）よりも小さい値になります．

【解答】　2

問題 14 (2アマ)

耐圧 80 [V] で静電容量 30 [μF] のコンデンサと，耐圧 150 [V] で静電容量 60 [μF] のコンデンサを直列に接続したとき，合成静電容量 C の値およびその両端に加えることができる最大電圧 E の値として，正しい組み合わせを下の番号から選べ．ただし，各コンデンサは，接続前に電荷は蓄えられておらず，また，耐圧を超える電圧を加えることができないものとする．

	C	E
1.	10 〔μF〕	30 〔V〕
2.	10 〔μF〕	60 〔V〕
3.	20 〔μF〕	80 〔V〕
4.	20 〔μF〕	120 〔V〕

【解説】

$C_1 = 30$〔μF〕と $C_2 = 60$〔μF〕のコンデンサの直列合成静電容量を C_S〔μF〕とすると，次式で表されます．

$$C_S = \frac{C_1 \times C_2}{C_1 + C_2}$$

$$= \frac{30 \times 60}{30 + 60} = \frac{1{,}800}{90} = 20〔\mu F〕$$

耐圧は，それを超える電圧を加えるとコンデンサが絶縁破壊を起こす電圧のことです．コンデンサに加わる電圧と蓄えられる電荷は比例するので，まず，各コンデンサに耐圧電圧を加えたときの電荷 Q_1〔C〕，Q_2〔C〕を求めると，

$Q_1 = C_1 V_1$
　　$= 30 \times 10^{-6} \times 80 = 2{,}400 \times 10^{-6}$〔C〕

$Q_2 = C_2 V_2$
　　$= 60 \times 10^{-6} \times 150 = 9{,}000 \times 10^{-6}$〔C〕

となります．コンデンサを直列接続すると，それぞれのコンデンサに蓄えられる電荷は等しいので，これらを比較して小さい方の $Q_1 = 2{,}400 \times 10^{-6}$〔C〕の電荷が蓄えられたときに，$V_1$ は耐圧電圧となります．そのとき，C_2 に加

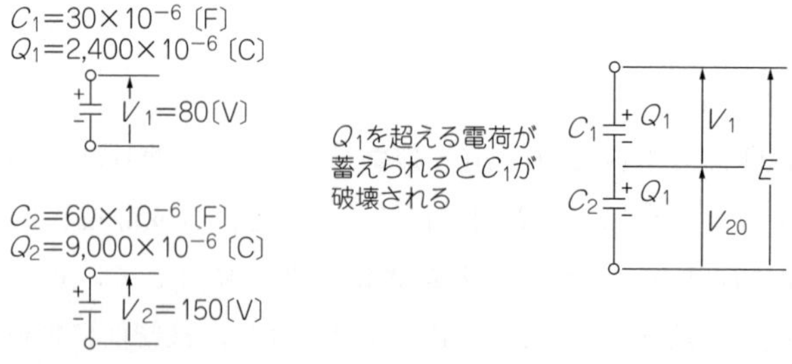

図1.18　コンデンサの直列回路

わる電圧 V_{20} は，次式で表されます．

$$V_{20} = \frac{Q_1}{C_2} = \frac{2,400 \times 10^{-6}}{60 \times 10^{-6}} = 40 \,[\text{V}]$$

したがって，最大電圧 $E\,[\text{V}]$ は，

$$E = V_1 + V_{20} = 80 + 40 = 120 \,[\text{V}]$$

【解答】 4

問題 15 (1 アマ)

図 1.19 に示す回路において，最初はスイッチ SW_1 およびスイッチ SW_2 は開いた状態にあり，コンデンサ C_1 およびコンデンサ C_2 に電荷は蓄えられていなかった．次に SW_2 を開いたまま SW_1 を閉じて C_1 を 120 [V] の電圧で充電し，さらに，SW_1 を開き SW_2 を閉じたとき，C_2 の端子電圧が 90 [V] になった．C_1 の静電容量が 3 [μF] のとき，C_2 の静電容量の値として，正しいものを下の番号から選べ．

1. 1 [μF]
2. 2 [μF]
3. 3 [μF]
4. 4 [μF]

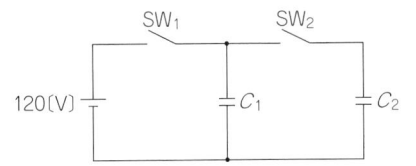

図 1.19

【解説】

$C_1 = 3\,[\mu\text{F}]$ のコンデンサを $V_1 = 120\,[\text{V}]$ の電圧で充電したときに蓄えられる電荷 $Q_1\,[\text{C}]$ は，次式で表されます．

$$Q_1 = C_1 V_1$$
$$= 3 \times 10^{-6} \times 120 = 360 \times 10^{-6}\,[\text{C}]$$

スイッチを切り替えて，コンデンサを並列に接続したときの端子電圧は $V_2 = 90\,[\text{V}]$ だから，C_1 に蓄えられる電荷 $Q_2\,[\text{C}]$ は，次式で表されます．

$$Q_2 = C_1 V_2$$
$$= 3 \times 10^{-6} \times 90 = 270 \times 10^{-6}\,[\text{C}]$$

切り替えの前後で，最初に電源から供給された全電荷 Q_1 は変化しないので，C_2 に蓄えられる電荷は $Q_1 - Q_2$ となります．よって，C_2 を求めると，

$$C_2 = \frac{Q_1 - Q_2}{V_2}$$

$$= \frac{360 \times 10^{-6} - 270 \times 10^{-6}}{90}$$

$$= \frac{(360 - 270) \times 10^{-6}}{90} = 1 \times 10^{-6} \text{ [F]}$$

$$= 1 \text{ [}\mu\text{F]}$$

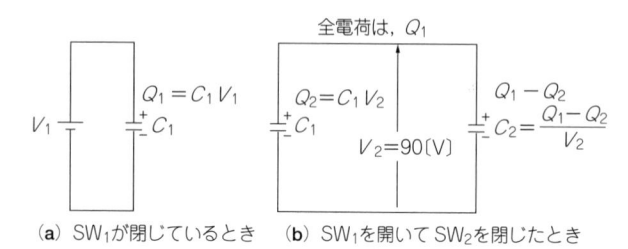

(a) SW₁が閉じているとき　(b) SW₁を開いてSW₂を閉じたとき

図1.20　電荷の計算

【解答】　1

問題16（1アマ）

図1.21に示す回路において，C_1，C_2およびC_3はそれぞれコンデンサの静電容量を示している．C_1のコンデンサの端子間の電圧が電源電圧Eの$\frac{1}{5}$であるとき，C_1，C_2およびC_3の関係を表す式として，正しいものを下の番号から選べ．ただし，電源電圧を加える前に各コンデンサには電荷が蓄えられていなかったものとする．

1. $C_1 = \dfrac{C_2}{5} + \dfrac{C_3}{5}$
2. $C_1 = \dfrac{C_2}{4} + \dfrac{C_3}{4}$
3. $C_1 = 4C_2 + 4C_3$
4. $C_1 = 5C_2 + 5C_3$
5. $C_1 = 6C_2 + 6C_3$

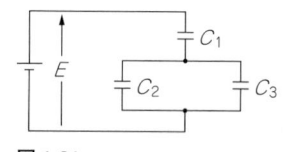

図1.21

【解説】

解答の式には電源電圧Eや電荷Qの記号が見あたりません．まず，電圧比の条件よりEの記号を消します．次に，C_2とC_3に蓄えられた電荷の和Q

と，C_1 に蓄えられた電荷 Q は等しいので，これらの Q を両辺に持つ式を立てて Q を消して答えを求めます．

コンデンサ C_1 に加わる電圧を V_1 とすると，次式で表されます．

$$V_1 = \frac{Q}{C_1} \quad \cdots\cdots(1\text{-}23)$$

C_2 および C_3 の合成静電容量を C_P とすると，次式で表されます．

$$C_P = C_2 + C_3 \quad \cdots\cdots(1\text{-}24)$$

これらのコンデンサに加わる電圧を V_p とすると，次式で表されます．

$$V_p = \frac{Q}{C_P} = \frac{Q}{C_2 + C_3} \quad \cdots\cdots(1\text{-}25)$$

問題で与えられた条件より，

$$V_1 = \frac{E}{5} \quad \cdots\cdots(1\text{-}26)$$

よって，

$$E = 5V_1 \quad \cdots\cdots(1\text{-}27)$$

また，(1-26)式を使って C_2 および C_3 に加わる電圧 V_P を求めると，

$$V_P = E - V_1 = \frac{4E}{5}$$

よって，

$$E = \frac{5V_P}{4} \quad \cdots\cdots(1\text{-}28)$$

(1-27)式 = (1-28)式より，

$$5V_1 = \frac{5V_P}{4} \quad \cdots\cdots(1\text{-}29)$$

(1-29)式に(1-23)式，(1-25)式を代入すれば Q が消えるので，

$$5 \times \frac{Q}{C_1} = \frac{5}{4} \times \frac{Q}{C_2 + C_3}$$

$$\frac{1}{C_1} = \frac{1}{4C_2 + 4C_3}$$

したがって，

$$C_1 = 4C_2 + 4C_3$$

【解答】　3

8．静電エネルギー

　電位 V〔V〕は単位正電荷（＋1〔C〕）あたりの仕事量を表します．潜在的に仕事をする能力，あるいは仕事が蓄積されている量をエネルギーといいます．コンデンサは，電荷が蓄えられることで電位が発生するのでエネルギーが蓄えられます．

　このとき，コンデンサに加わる電圧（電位）V〔V〕と蓄えられた電荷 Q〔C〕を掛ければ，エネルギーが求まりそうですが，電荷が増えればそれに比例して電圧も増えるので，同じ量の微少な電荷（Δq）が増加したときでも低い電圧のときのエネルギーの増加と高い電圧のときのエネルギーの増加が異なります．これを図で表すと，**図1.22** のようになります．「Δ」はギリシャ文字（大文字）のデルタです．

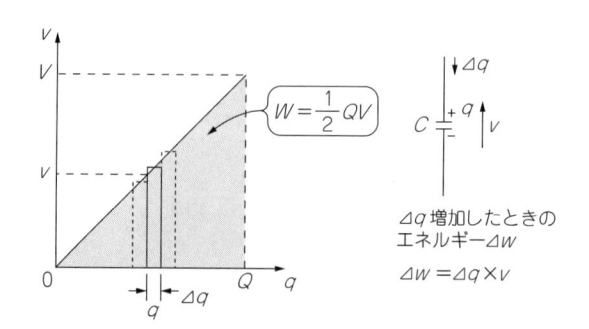

図1.22　静電エネルギーの変化

　コンデンサに蓄えられた静電エネルギー W〔J：ジュール〕は，**図1.22** の三角形の面積と同じになり，次式で表されます．

$$W = \frac{1}{2}QV = \frac{1}{2}CV^2 \ \text{〔J〕} \quad \cdots\cdots(1\text{-}30)$$

　　　$Q = CV$ を代入．

問題 17 (1アマ)

コンデンサに電圧 V 〔V〕を加えたとき，Q 〔C〕の電荷が蓄えられた．このときコンデンサに蓄えられるエネルギー W を表す式として，正しいものを下の番号から選べ．

1. $W = QV^2$ 〔J〕　　2. $W = QV$ 〔J〕　　3. $W = \dfrac{1}{2} Q^2 V$ 〔J〕

4. $W = \dfrac{1}{2} QV^2$ 〔J〕　　5. $W = \dfrac{1}{2} QV$ 〔J〕

【解説】
　電圧 V 〔V〕は単位正電荷（+1〔C〕）あたりの仕事量（エネルギー）を表すので，エネルギーを表す式は選択肢の2か5のどちらかにしぼられます．
【解答】　5

問題 18 (2アマ)

コンデンサに電圧 100〔V〕を加えたとき，0.02〔C〕の電荷が蓄えられた．このときコンデンサに蓄えられるエネルギーの値として，正しいものを下の番号から選べ．

1. 0.5〔J〕　　2. 1〔J〕　　3. 2〔J〕　　4. 5〔J〕　　5. 10〔J〕

【解説】
　コンデンサの電圧を V 〔V〕，蓄えられた電荷を Q 〔C〕とすると，コンデンサに蓄えられる静電エネルギー W 〔J〕は，次式で表されます．

$$W = \dfrac{1}{2} QV$$

$$= \dfrac{0.02 \times 100}{2} = 1 \text{〔J〕}$$

【解答】　2

9. アンペアの法則

　導線に電流を流すと，その周りに回転磁界が発生します．図 1.23 に示すような無限長直線電流 I 〔A〕から r 〔m〕の距離の点を通る円を考えると，こ

第 1 章　電気物理

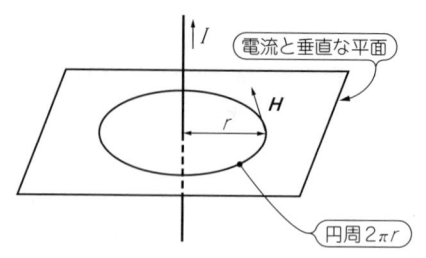

図 1.23　無限長長線電流 I からの距離 r を通る円

の円上ではどの点でも磁界の強さ H〔A/m〕は同じなので，アンペアの法則より次式が成り立ちます．

$$H \times 2\pi r = I$$

よって，磁界の強さを求めれば次式で表されます．

$$H = \frac{I}{2\pi r} \text{〔A/m〕} \quad \cdots\cdots(1\text{-}31)$$

問題 19（2 アマ）

図 **1.24** に示す無限長の直線導体から 10〔cm〕離れた円周上の P 点における磁界の強さ H の値として，最も近いものを下の番号から選べ．ただし，導体には 20〔A〕の直流電流が流れているものとする．

1. 95.4〔A/m〕
2. 63.6〔A/m〕
3. 31.8〔A/m〕
4. 6.3〔A/m〕
5. 3.1〔A/m〕

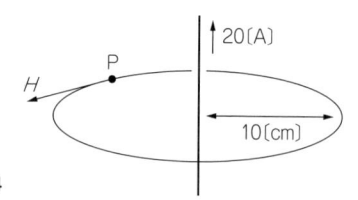

図 **1.24**

【解説】

電流 I〔A〕が流れている直線導体から r〔m〕の距離の P 点における磁界の強さ H〔A/m〕は，アンペアの法則より次式で表されます．

$$H = \frac{I}{2\pi r}$$

$$= \frac{20}{2 \times 3.14 \times 10 \times 10^{-2}} = \frac{1}{3.14} \times 10^2$$

$$= 0.318 \times 100 = 31.8 \text{〔A/m〕}$$

【解答】　3

> **π（パイ）**
>
> $\pi ≒ 3.14$
>
> は，学校の授業で暗記しますが，
>
> $\dfrac{1}{\pi} ≒ 0.318$
>
> $\dfrac{1}{2\pi} ≒ 0.16$
>
> の値も覚えておくと計算が簡単にできます．

10．ビオ・サバールの法則

図 **1.25** のように導線の微小部分 $\Delta\ell$〔m〕を流れる電流 I〔A〕によって，r〔m〕離れた点に生じる磁界の強さ ΔH〔A/m〕は，次式で表されます．

$$\Delta H = \frac{I\Delta\ell}{4\pi r^2}\sin\theta \ 〔\text{A/m}〕 \quad\cdots\cdots(1\text{-}32)$$

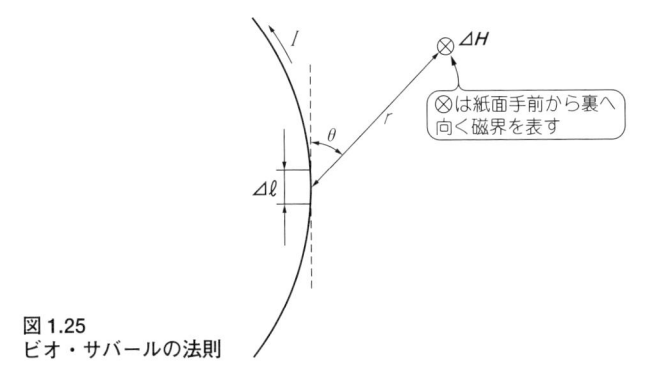

図 1.25
ビオ・サバールの法則

⊗は紙面手前から裏へ向く磁界を表す

問題 20 （1 アマ）

図 **1.26** に示す導線の微小部分 $\Delta\ell$〔m〕を流れる電流 I〔A〕によって，$\Delta\ell$ から 60°の方向で r〔m〕の距離にある点 P に生じる磁界の強さを表す式と

第1章　電気物理

して，正しいものを下の番号から選べ．

1. $\dfrac{I\varDelta\ell}{2\pi r^2}$ 〔A/m〕

2. $\dfrac{\sqrt{3}I\varDelta\ell}{2\pi r^2}$ 〔A/m〕

3. $\dfrac{I\varDelta\ell}{4\pi r^2}$ 〔A/m〕

4. $\dfrac{\sqrt{3}I\varDelta\ell}{8\pi r^2}$ 〔A/m〕

5. $\dfrac{I\varDelta\ell}{4\sqrt{2}\pi r^2}$ 〔A/m〕

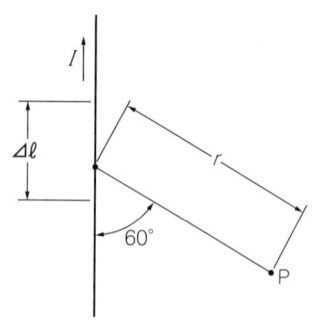

図 1.26

【解説】

ビオ・サバールの法則より，磁界の強さ $\varDelta H$〔A/m〕は，$\theta=60$〔°〕を代入すると，次式で表されます．

$$\varDelta H = \dfrac{I\varDelta\ell}{4\pi r^2}\sin\theta = \dfrac{I\varDelta\ell}{4\pi r^2}\sin 60°$$

$$= \dfrac{I\varDelta\ell}{4\pi r^2}\times\dfrac{\sqrt{3}}{2} = \dfrac{\sqrt{3}I\varDelta\ell}{8\pi r^2}\ 〔A/m〕$$

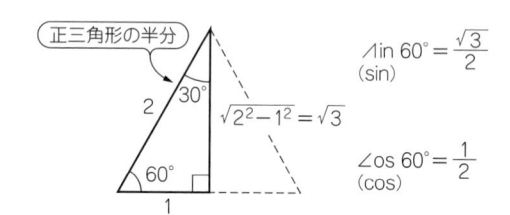

図 1.27　sin60°の求め方

30°，45°，60°の三角関数の値は，覚えておいた方がよいでしょう．

【解答】　4

第2章　電気回路
（直流回路，過渡現象，交流回路）

本章では，オームの法則やキルヒホッフの法則などの電気回路の分野を学習します．基本的な内容ですが，それらの法則を応用した問題を解くのは結構たいへんです．電圧や電流の基本的な取り扱い方と問題を解く手順をよく理解しながら学習してください．

1．オームの法則

図2.1のように，抵抗 R〔Ω〕に電圧 V〔V〕を加えたときの電流 I〔A〕は，次式で表されます．

$$I = \frac{V}{R} \text{〔A〕} \quad \cdots\cdots (2\text{-}1)$$

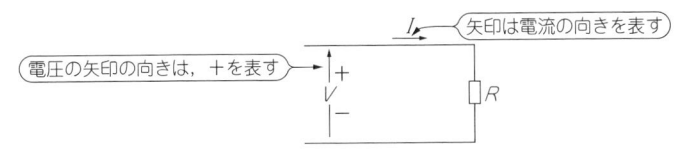

図2.1　オームの法則

抵抗 R は，電圧 V と電流 I の関係を表す定数で，電流の流れにくさを表します．

$V = RI$
$I = \dfrac{V}{R}$
$R = \dfrac{V}{I}$

ゴキブリ
VRI

図2.2

2. キルヒホッフの法則

(1) 第一法則(電流の法則)

図 2.3 の回路の接続点 P において，流入する電流の和と流出する電流の和は等しくなり，次式で表されます．

$$I_1 + I_2 = I_3 \qquad \cdots\cdots (2\text{-}2)$$

(2) 第二法則(電圧の法則)

図 2.3 の閉回路 a において，各部の電圧降下の和は起電力(電圧源)の和と等しくなり，次式が成り立ちます．

$$E_1 - E_2 = V_1 - V_2 = I_1 R_1 - I_2 R_2 \qquad \cdots\cdots (2\text{-}3)$$

閉回路 b では次式が成り立ちます．

$$E_2 = V_2 + V_3 = I_2 R_2 + I_3 R_3 \qquad \cdots\cdots (2\text{-}4)$$

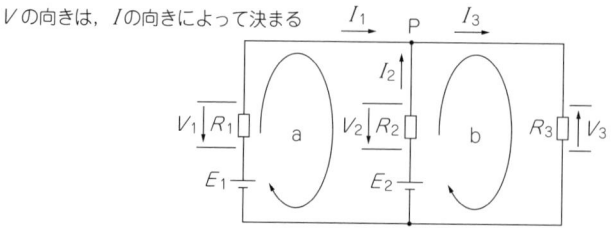

図 2.3 キルヒホッフ法則

閉回路 a では
V_1 と V_2，E_1 と E_2 はそれぞれ逆向き

閉回路

一回りして元に戻る経路を持つ回路を閉回路といいます．回路の一部でも閉回路を構成することができれば，キルヒホッフの電圧の法則が成り立ちます．

電圧降下

直列に接続された抵抗に電流が流れると，それぞれの抵抗端にはオームの法則に基づく電圧が発生します．電源側からみれば，その部分で電圧が下がるので電圧降下といいます．

問題1 (2アマ)

図 2.4 に示す回路において，6〔Ω〕の抵抗に 0.5〔A〕の電流が流れたとすると，端子 ab 間に加えられた電圧の値として，正しいものを下の番号から選べ．

1. 5〔V〕
2. 6〔V〕
3. 8〔V〕
4. 9〔V〕

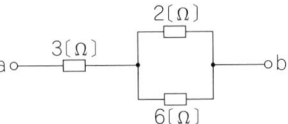

図 2.4

【解説】

端子 ab 間に加えられた電圧 V_{ab} は，抵抗 R_1 に加わる電圧 V_1 と抵抗 R_3 に加わる電圧 V_2（抵抗 R_2 に加わる電圧として考えても同じ）の和になります．

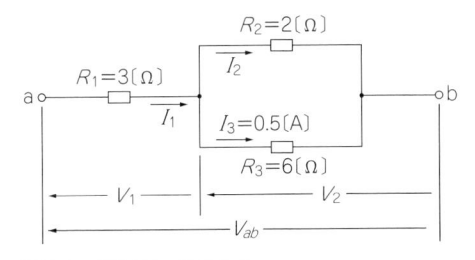

図 2.5　電圧 V_{ab} を求める

R_3 の抵抗に加わる電圧 V_2 は，次式で表されます．

$V_2 = R_3 I_3 = 6 \times 0.5 = 3$〔V〕

R_2 の抵抗に流れる電流 I_2 は，次式で表されます．

$I_2 = \dfrac{V_2}{R_2} = \dfrac{3}{2} = 1.5$〔A〕

R_1 に流れる電流 I_1 は，R_2 と R_3 に流れる電流の和となるので，R_1 に加わる電圧 V_1 は，次式で表されます．

$V_1 = R_1 I_1 = R_1 (I_2 + I_3)$
$\quad = 3 \times (1.5 + 0.5) = 3 \times 2 = 6$〔V〕

端子 ab 間に加えられた電圧 V_{ab}〔V〕は，V_1 と V_2 との和になるので，

$V_{ab} = V_1 + V_2 = 6 + 3 = 9$〔V〕

【解答】　4

3. 抵抗の接続

(1) 直列接続

抵抗を図 2.6 のように直列接続したときの合成抵抗 R_S は，次式で表されます．

$$R_S = R_1 + R_2 + R_3 \,[\Omega] \qquad \cdots\cdots (2\text{-}5)$$

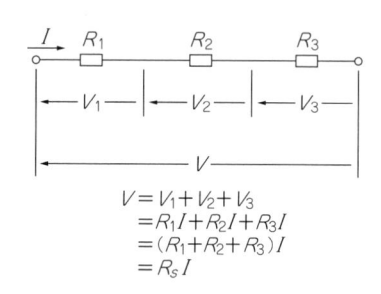

$$
\begin{aligned}
V &= V_1 + V_2 + V_3 \\
&= R_1 I + R_2 I + R_3 I \\
&= (R_1 + R_2 + R_3) I \\
&= R_S I
\end{aligned}
$$

図 2.6　抵抗の直列接続

(2) 並列接続

図 2.7 のように，抵抗を並列接続したときの合成抵抗 R_P は，次式で表されます．

$$\frac{1}{R_P} = \frac{1}{R_1} + \frac{1}{R_2} + \frac{1}{R_3} \qquad \cdots\cdots (2\text{-}6)$$

↑逆数をとって R_P を求める．

二つの抵抗の並列接続では，次式で表すこともできます．

$$R_P = \frac{R_1 R_2}{R_1 + R_2} \,[\Omega] \qquad \cdots\cdots (2\text{-}7)$$

$$
\begin{aligned}
I &= I_1 + I_2 + I_3 \\
&= \frac{V}{R_1} + \frac{V}{R_2} + \frac{V}{R_3} \\
&= \left(\frac{1}{R_1} + \frac{1}{R_2} + \frac{1}{R_3}\right) V = \frac{1}{R_P} V
\end{aligned}
$$

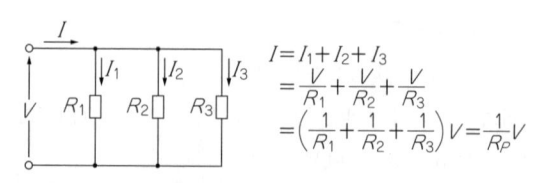

図 2.7　抵抗の並列接続

3. 抵抗の接続

問題2(2アマ)

一個あたりの抵抗値が3〔Ω〕の抵抗器が4個ある．この抵抗器すべてを用いて得られる合成抵抗の値として，誤っているものを下の番号から選べ．ただし，これらの抵抗器は，直列接続や並列接続の組み合わせで，合成抵抗を作るものとする．

1. 3〔Ω〕　2. 4〔Ω〕　3. 5〔Ω〕　4. 6〔Ω〕

【解説】

各選択肢に対応する接続方法は，

1. 図 2.8(a) となり，

$$\frac{3}{2} + \frac{3}{2} = 3 \,〔Ω〕$$

2. 図 2.8(b) となり，

$$\frac{3}{3} + 3 = 4 \,〔Ω〕$$

3. 図 2.8(c) となり，

$$\frac{3 \times (3+3)}{3 + (3+3)} + 3 = \frac{18}{9} + 3 = 5 \,〔Ω〕$$

4. 6〔Ω〕になる回路はできません．

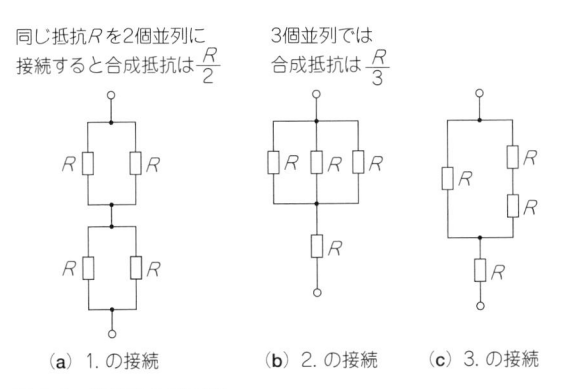

図 2.8　抵抗の合成回路

【解答】　4

第2章　電気回路

> **抵抗とコンデンサの接続**
>
> 　抵抗の接続は直列接続のときに各抵抗の和で表し，コンデンサの接続は並列接続のときに各コンデンサの和で表します．
>
> 　静電容量を C，電圧を V とすると，電荷 Q は次式で表されます．
>
> 　　$Q = CV$
>
> 　回路における電圧と電荷（電流）の取り扱い方は，抵抗でもコンデンサでも同じです．電荷（電流）を求める式では，C と R は比例と反比例の関係にあるので，合成静電容量と合成抵抗の求め方では，並列接続と直列接続の式が逆の関係になります．

問題3（2アマ）

図 2.9 に示す回路において，回路に流れる電流 I の値として，正しいものを下の番号から選べ．

1. 0.66〔A〕
2. 0.8〔A〕
3. 1.0〔A〕
4. 1.25〔A〕
5. 1.5〔A〕

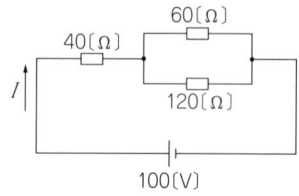

図 2.9

【解説】

図 2.10 に示すように回路の合成抵抗を求めてから電流を求めます．合成抵抗は，独立して直列あるいは並列回路となる部分の回路から求めていきます．

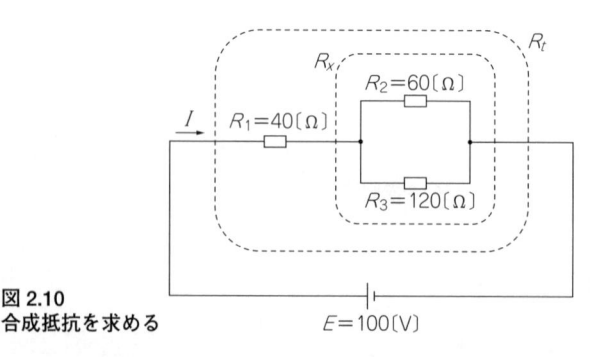

図 2.10　合成抵抗を求める

R_2 と R_3 の並列合成抵抗を R_x とすると，次式で表されます．

$$R_x = \frac{R_2 R_3}{R_2 + R_3}$$

$$= \frac{60 \times 120}{60 + 120} = \frac{60 \times 120}{60 \times (1 + 2)}$$

↑ 60でくくると計算が楽になる．

$$= \frac{120}{3} = 40 \,[\Omega]$$

回路の合成抵抗 R_t は，R_1 と R_x の直列合成抵抗だから，

$$R_t = R_1 + R_x = 40 + 40 = 80 \,[\Omega]$$

したがって，回路を流れる電流 $I\,[\text{A}]$ は，

$$I = \frac{E}{R_t} = \frac{100}{80} = 1.25 \,[\text{A}]$$

【解答】 4

問題 4 (1アマ)

図 2.11 に示す回路において，端子 ab 間の合成抵抗の値を $100\,[\Omega]$ とするための抵抗 R の値として，正しいものを下の番号から選べ．

1. $75\,[\Omega]$
2. $125\,[\Omega]$
3. $220\,[\Omega]$
4. $300\,[\Omega]$
5. $400\,[\Omega]$

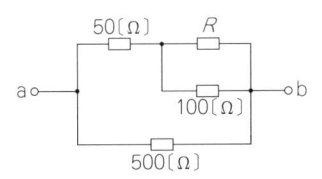

図 2.11

【解説】

端子 ab 間の合成抵抗 R_t を求める場合は，図 2.12 に示すように R と R_2 の合成抵抗 R_y，R_y と R_1 の合成抵抗 R_x，R_x と R_3 の合成抵抗 R_t という順番で求めていきます．この問題では，端子 ab 間の合成抵抗 R_t が与えられているので，R_t を求める順番とは逆の手順で R を求めます．

R_1，R，R_2 の合成抵抗を R_x とすると，R_3 と R_x の並列合成抵抗が端子 ab 間の合成抵抗 R_t となるので，次式が成り立ちます．

第2章 電気回路

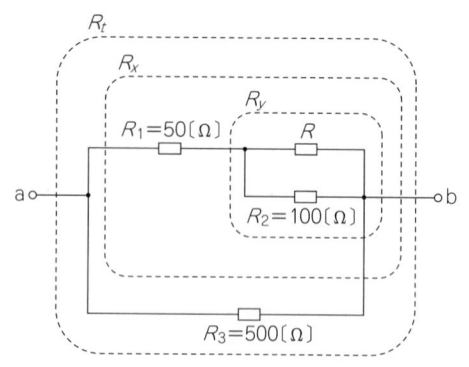

図2.12 合成抵抗を求める

$$\frac{1}{R_x} + \frac{1}{R_3} = \frac{1}{R_t}$$

$$\frac{1}{R_x} + \frac{1}{500} = \frac{1}{100}$$

$$\frac{1}{R_x} = \frac{1}{100} - \frac{1}{500} = \frac{5}{500} - \frac{1}{500} = \frac{4}{500}$$

↑分母と分子に5を掛けて分母をそろえる.

よって,

$$R_x = \frac{500}{4} = 125\,[\Omega]$$

R_2 と R の合成抵抗を R_y とすると,

$$R_x = R_1 + R_y$$

だから,

$$R_y = R_x - R_1 = 125 - 50 = 75\,[\Omega]$$

ここで,

$$\frac{1}{R} + \frac{1}{R_2} = \frac{1}{R_y}$$

だから,

$$\frac{1}{R} = \frac{1}{R_y} - \frac{1}{R_2} = \frac{1}{75} - \frac{1}{100} = \frac{4}{300} - \frac{3}{300} = \frac{1}{300}$$

したがって,

$R = 300 \,[\Omega]$

【解答】 4

問題 5 (1 アマ)

図 2.13 に示す回路において，10〔Ω〕の抵抗に流れる電流の値として，正しいものを下の番号から選べ．

1. 1〔A〕
2. 2〔A〕
3. 3〔A〕
4. 4〔A〕
5. 5〔A〕

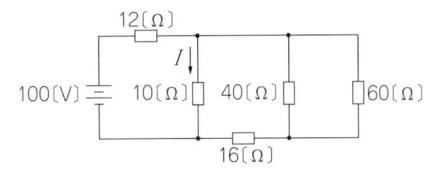

図 2.13

【解説】

抵抗が直列接続されたときに，それらの電圧降下の比は各抵抗値の比となります．この関係から図 2.14 に示すようにして R_2 の電圧降下を求めることができます．

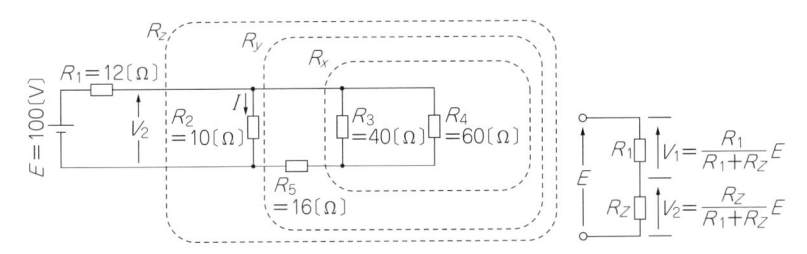

図 2.14 電圧降下を求める

R_3 と R_4 の並列合成抵抗を R_x とすると，次式で表されます．

$$R_x = \frac{R_3 R_4}{R_3 + R_4}$$

$$= \frac{40 \times 60}{40 + 60} = \frac{40 \times 60}{100} = 24 \,[\Omega]$$

R_5 と R_x の直列合成抵抗 R_y は，

$$R_y = R_5 + R_x$$
$$= 16 + 24 = 40 \,[\Omega]$$

R_2 と R_y の並列合成抵抗を R_z とすると，

$$R_z = \frac{R_2 R_y}{R_2 + R_y}$$

$$= \frac{10 \times 40}{10 + 40} = \frac{10 \times 40}{10 \times (1 + 4)}$$

$$= \frac{40}{5} = 8 \,[\Omega]$$

抵抗が直列に接続された回路の電圧降下の比は抵抗の比で表すことができるので，R_z に加わる電圧 V_2 は次式で表されます．

$$V_2 = \frac{R_z}{R_1 + R_z} E$$

$$= \frac{8 \times 100}{12 + 8} = 40 \,[\text{V}]$$

したがって，R_2 を流れる電流 I は，

$$I = \frac{V_2}{R_2}$$

$$= \frac{40}{10} = 4 \,[\text{A}]$$

電圧の比で求める方法を用いなくても回路を流れる全電流 $I_0 = E/(R_1 + R_z)$ を求めて，合成抵抗 R_z の電圧降下 V_2 は $V_2 = I_0 R_z$ によって求めることができるので，R_2 に加わる電圧 V_2 を求めることもできます．

【解答】 4

4．電圧源と電流源

(1) 起電力

電池などが持つ，電圧を発生させる能力を起電力といいます．電池などの電源は，**図 2.15(a)** のような電圧源 $E\,[\text{V}]$ と内部抵抗 $r\,[\Omega]$ で表すことができます．電圧源そのものの抵抗値は 0 なので，内部抵抗は直列回路で表されます．

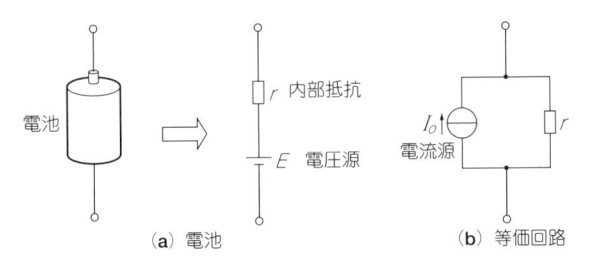

図 2.15 起電力を回路で表す

(2) 電流源

電圧 E〔V〕，内部抵抗 r〔Ω〕の電圧源の出力を短絡させたときに流れる短絡電流 I_o〔A〕は，次式で表されます．

$$I_o = \frac{E}{r} \text{〔A〕} \quad \cdots\cdots(2\text{-}8)$$

内部抵抗があることで電流が制限されるので，この値は接続した負荷の値を変化させたときに取り出すことができる最大電流を表します．

電流源そのものの抵抗値は無限大なので，内部抵抗は図 2.15(b)のように並列回路で表されます．電圧源と電流源は置き換えて表すこともできます．

5. ミルマンの定理

国家試験問題では，電圧源(起電力)と抵抗が三つ並列に接続された回路において，各抵抗に流れる電流を求める問題が出題されます．キルヒホッフの法則を用いて，並列に接続された三つの枝路に流れる電流を定めて，それを未知数として連立方程式を立てて求めることができますが，かなり計算がやっかいです．ところが，電圧源を電流源に置き換えると簡単に計算することができます．

図 2.16(a)のように，いくつかの電圧源と抵抗が並列に接続されているとき，その端子電圧 V は，ミルマンの定理より次式で表されます．

$$V = \frac{\dfrac{E_1}{R_1} + \dfrac{E_2}{R_2} - \dfrac{E_3}{R_3}}{\dfrac{1}{R_1} + \dfrac{1}{R_2} + \dfrac{1}{R_3}} \text{〔V〕} \quad \cdots\cdots(2\text{-}9)$$

第 2 章　電気回路

$$V = \frac{\frac{E_1}{R_1} + \frac{E_2}{R_2} - \frac{E_3}{R_3}}{\frac{1}{R_1} + \frac{1}{R_2} + \frac{1}{R_3}}$$

V の向きを基準として
逆向きのときはマイナス

(a) 電圧源

$I_1 = \dfrac{E_1}{R_1}$,　$G_1 = \dfrac{1}{R_1}$

$I_2 = \dfrac{E_2}{R_2}$,　$G_2 = \dfrac{1}{R_2}$

$I_3 = \dfrac{E_3}{R_3}$,　$G_3 = \dfrac{1}{R_3}$

$$V = \frac{I_1 + I_2 - I_3}{G_1 + G_2 + G_3}$$

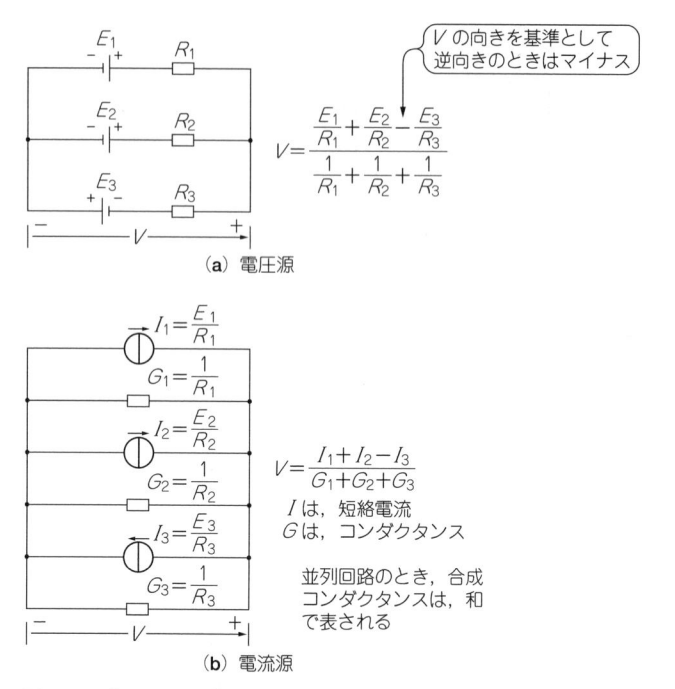

I は，短絡電流
G は，コンダクタンス

並列回路のとき，合成コンダクタンスは，和で表される

(b) 電流源

図 2.16　ミルマンの定理

電池は電圧源

　普段，使用している電池などの電源は電圧源なので，電流源の考え方は理解しにくいと思います．電圧源は一定の電圧を供給できる電源のことで，電流源は一定の電流を供給できる電源です．

　トランジスタや FET の出力回路は電流源として取り扱います．トランジスタの電流増幅率 h_{fe} に入力電流を掛けると出力電流を求めることができます．電流源を用いた回路では，並列回路の計算を簡単に行うことができます．

問題 6（1 アマ）

　図 2.17 に示す回路において，5〔Ω〕の抵抗に流れる電流の値として，正しいものを下の番号から選べ．

1. 2〔A〕
2. 3〔A〕
3. 4〔A〕
4. 5〔A〕
5. 6〔A〕

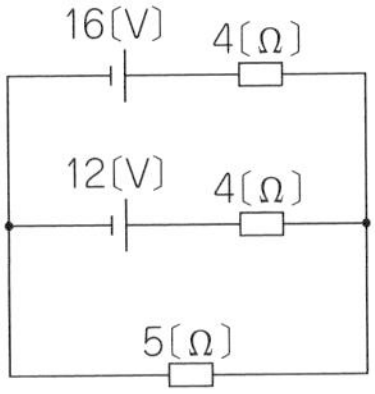

図 2.17

【解説】

この問題は，一般にキルヒホッフの法則を用いて連立方程式を立てて求めますが，ミルマンの定理を使えばもっと簡単に求めることができます．

まず，図 2.18 のように電圧 V の向きを定めてミルマンの定理より V を求めると，次式で表されます．

$$V = \frac{\dfrac{E_1}{R_1} + \dfrac{E_2}{R_2}}{\dfrac{1}{R_1} + \dfrac{1}{R_2} + \dfrac{1}{R_3}}$$

← R_3 に E_3 が接続されていないときは 0 とする．

$$= \frac{\dfrac{16}{4} + \dfrac{12}{4}}{\dfrac{1}{4} + \dfrac{1}{4} + \dfrac{1}{5}}$$

$$= \frac{4+3}{\dfrac{2}{4} + \dfrac{1}{5}} = \frac{7}{\dfrac{1}{2} + \dfrac{1}{5}}$$

$$= \frac{7}{\dfrac{1 \times 5}{2 \times 5} + \dfrac{1 \times 2}{5 \times 2}} = \frac{7 \times 10}{\dfrac{5+2}{10} \times 10}$$

$$= \frac{70}{7} = 10 \,〔\text{V}〕$$

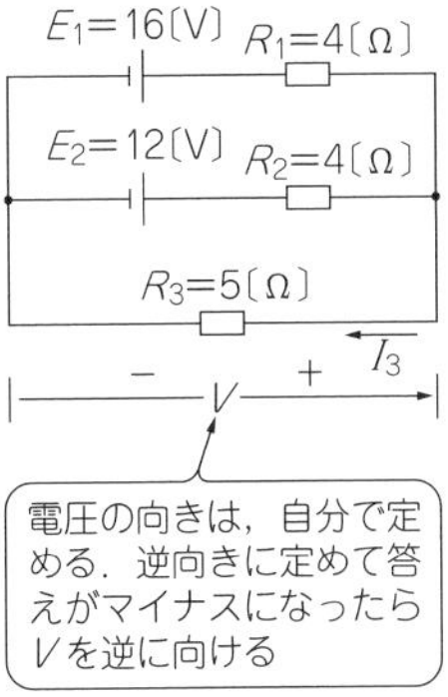

電圧の向きは，自分で定める．逆向きに定めて答えがマイナスになったら V を逆に向ける

図 2.18 ミルマンの定理

したがって，抵抗 R_3 に流れる電流 I_3 は，

$$I_3 = \frac{V}{R_3} = \frac{10}{5} = 2 \,〔\text{A}〕$$

【解答】　1

問題7（1アマ）

図2.19に示す回路において，5〔Ω〕の抵抗に流れる電流の値として，正しいものを下の番号から選べ．

1. 3〔A〕
2. 4〔A〕
3. 5〔A〕
4. 6〔A〕
5. 7〔A〕

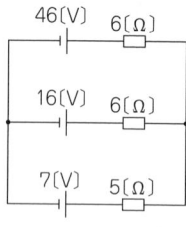

図2.19

【解説】

問題6と同じようにミルマンの定理を用いて，図2.20の並列回路に加わる電圧 V を求めると，次式で表されます．

$$V = \frac{\dfrac{E_1}{R_1} + \dfrac{E_2}{R_2} + \dfrac{E_3}{R_3}}{\dfrac{1}{R_1} + \dfrac{1}{R_2} + \dfrac{1}{R_3}}$$

$$= \frac{\dfrac{46}{6} + \dfrac{16}{6} + \dfrac{7}{5}}{\dfrac{1}{6} + \dfrac{1}{6} + \dfrac{1}{5}} = \frac{\dfrac{62}{6} + \dfrac{7}{5}}{\dfrac{2}{6} + \dfrac{1}{5}}$$

$$= \frac{\dfrac{31}{3} + \dfrac{7}{5}}{\dfrac{1}{3} + \dfrac{1}{5}} = \frac{\dfrac{176}{15}}{\dfrac{8}{15}} = \frac{176}{8} = 22 \text{〔V〕}$$

図2.20 ミルマンの定理

抵抗 R_3 に加わる電圧 V_3 は，閉回路で考えると V と E_3 が逆向きとなるので，電圧の差で表されます．したがって，R_3 に流れる電流 I_3 は，

$$I_3 = \frac{V_3}{R_3} = \frac{V - E_3}{R_3} = \frac{22 - 7}{5} = 3 \text{〔A〕}$$

ミルマンの定理は，電圧源を電流源の並列回路に置き換えて，回路の電圧を求める方法です．電圧源に直列に接続された抵抗を流れる電流を求めるときは，もとの電圧源を含む回路に戻して求めます．

【解答】　1

6. ブリッジ回路

図 2.21 のように抵抗を組み合わせた回路をホイートストン・ブリッジ回路といいます．各抵抗が次式に示す関係にあるときは，回路が平衡したといい電流計には電流が流れません．このとき，各部の電圧と抵抗には次のような関係があります．

回路が平衡したときは，
$I = 0$

$$\frac{R_1}{R_2} = \frac{R_3}{R_4}$$

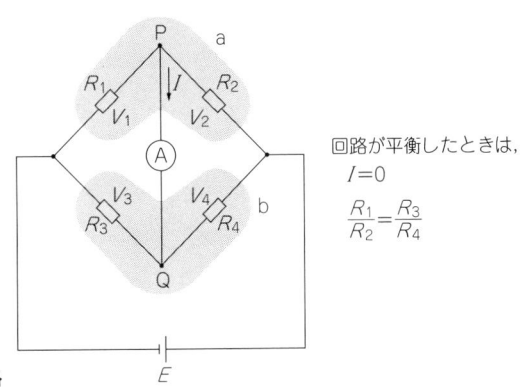

図 2.21
ホイートストン・ブリッジ回路

電流計に電流が流れない条件のもとで考えると，a の部分の回路から，

$$\frac{V_1}{V_2} = \frac{R_1}{R_2} \qquad \cdots\cdots(2\text{-}10)$$

b の部分の回路から，

$$\frac{V_3}{V_4} = \frac{R_3}{R_4} \qquad \cdots\cdots(2\text{-}11)$$

P 点と Q 点の電圧は等しいので，

$$\frac{V_1}{V_2} = \frac{V_3}{V_4} \qquad \cdots\cdots(2\text{-}12)$$

(2-10)式と(2-11)式を(2-12)式に代入すれば，

$$\frac{R_1}{R_2} = \frac{R_3}{R_4} \qquad \cdots\cdots(2\text{-}13)$$

したがって，各抵抗のうち三つの値が分かれば，残りの一つの抵抗値を計算によって求めることができます．ホイートストン・ブリッジは抵抗値の測

定に用いられます．

問題 8 (1アマ)

図 2.22 に示す回路において，端子 ab 間の合成抵抗の値として，正しいものを下の番号から選べ．

1. 38 〔Ω〕
2. 44 〔Ω〕
3. 52 〔Ω〕
4. 60 〔Ω〕
5. 65 〔Ω〕

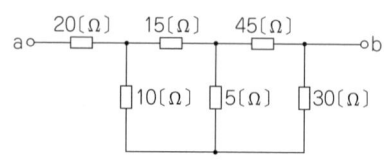

図 2.22

【解説】

1・2アマの既出問題において，ブリッジ形をした回路は平衡条件が成り立ちます．最近の国家試験では，ブリッジの平衡条件を求める問題は出題されていませんが，平衡条件が成り立つ回路の合成抵抗を求める問題などが出題されています．

図 2.23 の回路において，平衡条件は，

$$\frac{R_1}{R_2} = \frac{R_3}{R_4} \quad \text{より,}$$

$$\frac{15}{45} = \frac{10}{30}$$

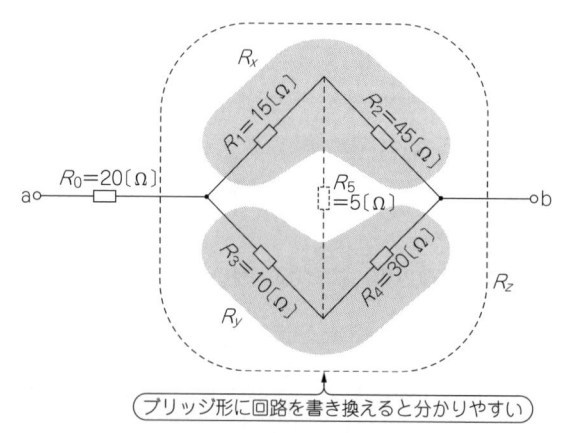

図 2.23　ブリッジ形にした回路

よって，ブリッジは平衡するので，R_5 には電流が流れなくなることから，R_5 の抵抗を取り外した回路として合成抵抗を計算すればよいので，

$R_x = R_1 + R_2 = 15 + 45 = 60 \,〔\Omega〕$

$R_y = R_3 + R_4 = 10 + 30 = 40 \,〔\Omega〕$

これらの並列合成抵抗 R_z は，

$R_z = \dfrac{R_x R_y}{R_x + R_y}$

$= \dfrac{60 \times 40}{60 + 40} = \dfrac{2,400}{100} = 24 \,〔\Omega〕$

よって，端子 ab 間の合成抵抗 R_t は，

$R_t = R_0 + R_z = 20 + 24 = 44 \,〔\Omega〕$

【解答】　2

問題9 (1アマ)

図 2.24 に示す回路において，電流 I の値として，正しいものを下の番号から選べ．

1. $\dfrac{E}{R}$ 〔A〕
2. $\dfrac{E}{2R}$ 〔A〕
3. $\dfrac{E}{3R}$ 〔A〕
4. $\dfrac{E}{4R}$ 〔A〕
5. $\dfrac{E}{5R}$ 〔A〕

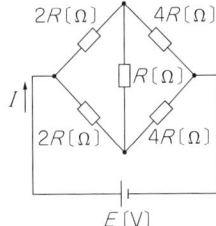

図 2.24

【解答】

図 2.25 の回路において，平衡条件は，

$\dfrac{R_1}{R_2} = \dfrac{R_3}{R_4}$ より，

$\dfrac{2R}{4R} = \dfrac{2R}{4R}$

よって，ブリッジは平衡するので，

$R_x = R_1 + R_2 = 2R + 4R = 6R \,〔\Omega〕$

$R_y = R_3 + R_4 = 2R + 4R = 6R \,〔\Omega〕$

第2章　電気回路

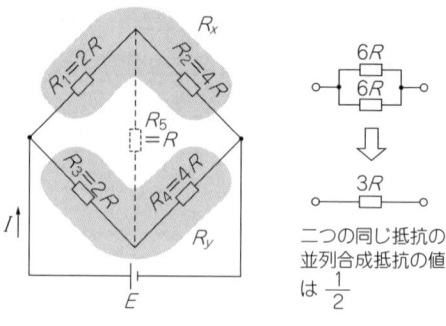

図2.25　ブリッジ形回路

これらの並列合成抵抗 R_z は，二つの同じ抵抗値の並列合成抵抗となるので，次式で表されます．

$$R_z = \frac{6R}{2} = 3R \,[\Omega]$$

よって，回路を流れる電流 I は，

$$I = \frac{E}{3R} \,[\mathrm{A}]$$

【解答】　3

7．直流の電力

抵抗 R に電圧 V を加えて電流 I を流すと，熱が発生して電力 $P\,[\mathrm{W}]$（ワット）が消費されます．電力は単位時間あたりの仕事量（エネルギー）を表し，電圧と電流の積で表されます．

$$P = VI \,[\mathrm{W}] \quad\quad\quad \cdots\cdots(2\text{-}14)$$

国家試験では，抵抗と電圧（あるいは電流）から電力を計算する問題が出題されますが，その場合はオームの法則を使って式を変形した次式を用います．
$V = RI$ を(2-14)式に代入すれば，

$$P = VI = (RI)I = RI^2 \,[\mathrm{W}] \quad\quad\quad \cdots\cdots(2\text{-}15)$$

$I = \dfrac{V}{R}$ を(2-14)式に代入すれば，

$$P = VI = V\left(\frac{V}{R}\right) = \frac{V^2}{R} \,[\mathrm{W}] \quad\quad\quad \cdots\cdots(2\text{-}16)$$

7. 直流の電力

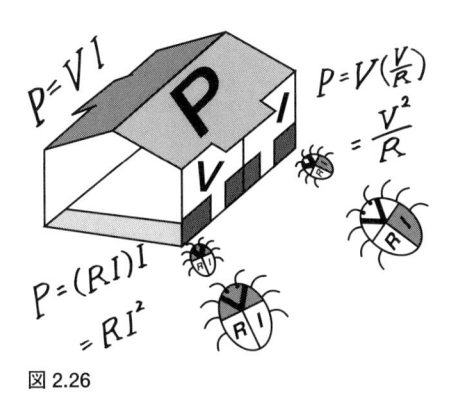

図 2.26

これらの式は，導くのが簡単なので(2-14)式を覚えておいて(2-15)式，(2-16)式を求めればよいでしょう．

問題 10 (2 アマ)

図 2.27 に示す回路において，抵抗 R_2 で消費される電力の値として，正しいものを下の番号から選べ．ただし，抵抗の値は，R_1 は 18〔Ω〕，R_2 は 20〔Ω〕，R_3 は 30〔Ω〕および R_4 は 50〔Ω〕とする．

1. 3.2〔W〕
2. 4.8〔W〕
3. 7.2〔W〕
4. 8.2〔W〕
5. 12.8〔W〕

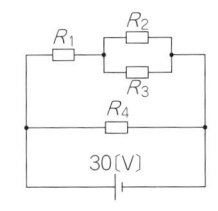

図 2.27

【解説】

R_2 と R_3 の並列合成抵抗 R_x は，次式で表されます．

$$R_x = \frac{R_2 R_3}{R_2 + R_3}$$

$$= \frac{20 \times 30}{20 + 30}$$

$$= \frac{600}{50} = 12〔Ω〕$$

図 2.28 のように，抵抗に加わる電圧は抵抗の比で表すことができるので，

第 2 章　電気回路

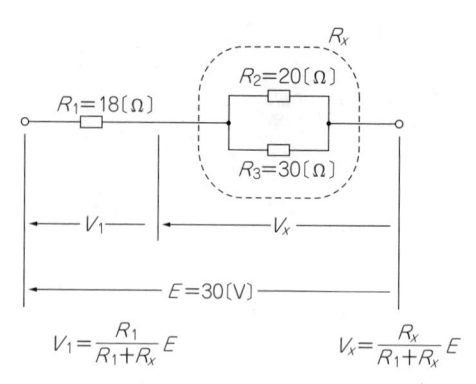

図 2.28　抵抗に加わる電圧を求める

R_x に加わる電圧 V_x を求めると,

$$V_x = \frac{R_x}{R_1 + R_x} E$$

$$= \frac{12}{18 + 12} \times 30$$

$$= \frac{12 \times 30}{30} = 12 \,[\mathrm{V}]$$

よって, R_2 で消費される電力 P は,

$$P = \frac{V_x{}^2}{R_2}$$

$$= \frac{12 \times 12}{20} = \frac{6 \times 12}{10} = 7.2 \,[\mathrm{W}]$$

↑2 乗は同じ数字を 2 回掛けて計算する.

【解答】　3

問題 11 (2 アマ)

図 2.29 に示す回路において, 抵抗 R_1 で消費される電力の値として, 正しいものを下の番号から選べ. ただし, 抵抗の値は, R_1 は 40 [Ω], R_2 は 60 [Ω], R_3 は 120 [Ω] および R_4 は 50 [Ω] とする.

1. 90〔W〕
2. 100〔W〕
3. 110〔W〕
4. 120〔W〕
5. 140〔W〕

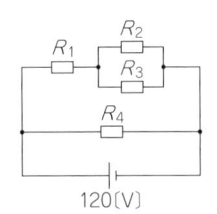

図 2.29

【解説】

R_2 と R_3 の並列合成抵抗 R_x は，次式で表されます．

$$R_x = \frac{R_2 R_3}{R_2 + R_3}$$

$$= 60 \times \frac{1 \times 2}{1 + 2} = \frac{60 \times 2}{3} = 40 \,〔\Omega〕$$

抵抗の比が 1 対 2 なので，60 でくくる．

R_1, R_2, R_3 の合成抵抗 R_y は，次式で表されます．

$$R_y = R_1 + R_x = 40 + 40 = 80 \,〔\Omega〕$$

図 2.30 のように，R_1 を流れる電流 I_1 は，R_y を流れる電流なので，

$$I_1 = \frac{E}{R_y} = \frac{120}{80} = 1.5 \,〔\text{A}〕$$

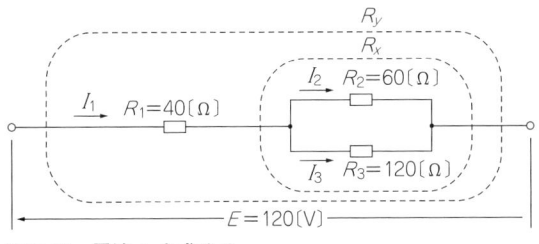

図 2.30　電流 I_1 を求める

よって，R_1 で消費される電力 P は，

$$P = I_1^2 R_1 = 1.5^2 \times 40$$

$$= 1.5 \times 1.5 \times 40 = 90 \,〔\text{W}〕$$

問題 10 と同じように，R_1 に加わる電圧を求めて，電力を計算して解くこともできます．

【解答】　1

8. 過渡現象

(1) C-R 回路

図 2.31(a) のコンデンサ C 〔F〕と抵抗 R 〔Ω〕が直列に接続された回路において，スイッチ SW を閉じて直流電圧を加えると，電流 i が流れてコンデンサに電荷 q 〔C〕が蓄積されます．このとき，電流は時間とともに大きさが変化し徐々に減少します．このような変化する値は積分を用いて計算すると，電荷 q は次式で表されます．

$$q = \int i\,dt \text{〔C〕}$$

抵抗に加わる電圧を v_R，コンデンサに加わる電圧を v_C とすると，次式が成り立ちます．

$$\begin{aligned} E &= v_R + v_C \\ &= Ri + \frac{1}{C}\int i\,dt \text{〔V〕} \end{aligned} \quad \cdots\cdots(2\text{-}17)$$

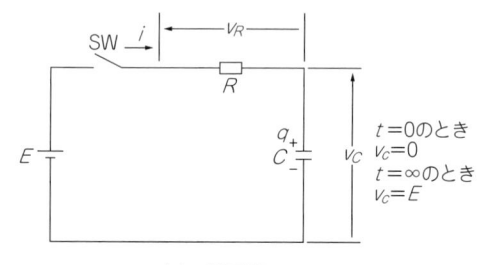

(a) CR 回路

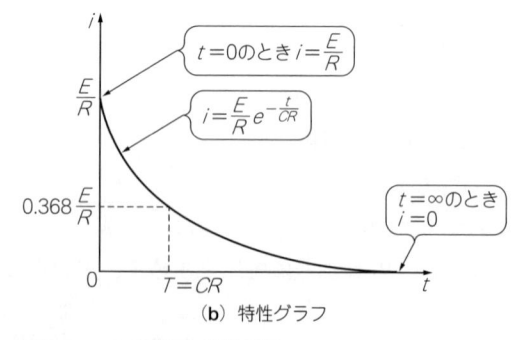

- $t=0$ のとき $v_C=0$
- $t=\infty$ のとき $v_C=E$

(b) 特性グラフ

- $t=0$ のとき $i=\dfrac{E}{R}$
- $i=\dfrac{E}{R}e^{-\frac{t}{CR}}$
- $t=\infty$ のとき $i=0$
- $0.368\dfrac{E}{R}$
- $T=CR$

図 2.31　CR 回路と特性グラフ

それぞれの項に含まれる i は，時間とともに変化する値（時間 t の関数）です．

(2-17)式は微分方程式なので，これを解くと次式のように時間とともに変化する電流の式を求めることができます．

$$i = \frac{E}{R} e^{-t/CR}$$

$$= \frac{E}{R} e^{-t/T} \text{〔A〕} \quad \cdots\cdots(2\text{-}18)$$

ただし，e は自然対数の底（$e = 2.718\cdots$）
↑ 円周率 π と同じような無理数．

T は時定数（$T = CR$）

時間の経過によって電流が変化する様子は，**図 2.31(b)** のように表されます．

また，時間が十分（理論的には $t = \infty$）経過したときを定常状態といいます．このときの電流は 0 となります．「∞」は無限大を表します．

$$i = \frac{E}{R} e^{-\infty} = \frac{E}{R} \times \frac{1}{e^{\infty}} = 0$$

↑ $x^{-n} = \frac{1}{x^n}$ ↑ $\frac{1}{\infty} = 0$

(2) L-R 回路

同じようにして，**図 2.32** のようにコイル L〔H〕と抵抗 R〔Ω〕が直列に接続された回路では，時間とともに変化する電流 i は次式で表されます．

$$i = \frac{E}{R}(1 - e^{-Rt/L})$$

$$= \frac{E}{R}(1 - e^{-t/T}) \text{〔A〕} \quad \cdots\cdots(2\text{-}19)$$

ただし，T は時定数（$T = \frac{L}{R}$）

また，定常状態のときの電流は，次式で表されます．

$$i = \frac{E}{R}(1 - e^{-\infty}) = \frac{E}{R} \text{〔A〕}$$

第 2 章 電気回路

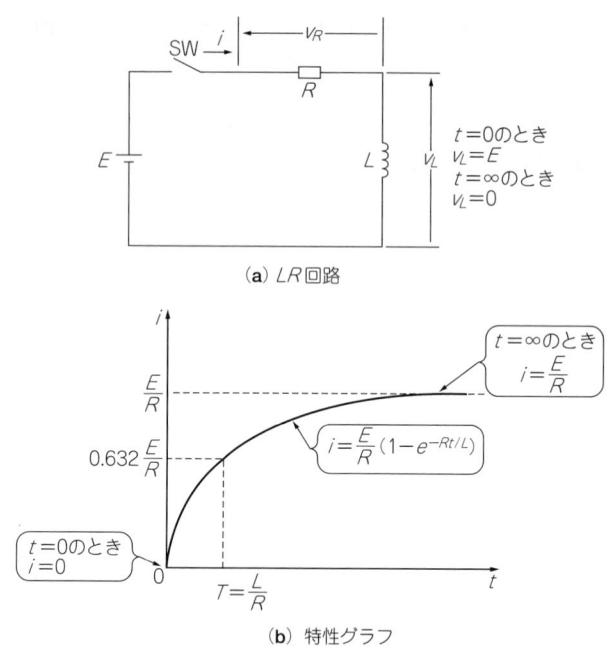

(a) LR 回路

(b) 特性グラフ

図 2.32　LR 回路と特性グラフ

【問題 12】(1 アマ)

図 2.33 に示す直列回路において，スイッチ SW を接続 (ON) にして 10 [V] の直流電源 E から 50 [Ω] の抵抗 R と自己インダクタンスが 20 [H] のコイル L に電流を流すと，回路電流は 0 から時間とともに増加し，定常状態では 200 [mA] となる．スイッチ SW を接続 (ON) にしてから回路電流が定常状態の電流値の 63.2 ％となるまでの時間 (時定数の値) として，正しいものを下の番号から選べ．

1. 0.2 [s]
2. 0.4 [s]
3. 1 [s]
4. 2.5 [s]
5. 4 [s]

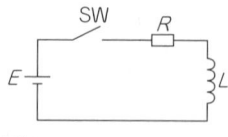

図 2.33

【解説】

時定数 T は次式で表されるので，値を代入すれば，

$$T = \frac{L}{R} = \frac{20}{50} = 0.4 \, [\text{s}]$$

回路を流れる電流はスイッチSWを接続(ON)にした瞬間は0であり，十分に時間が経過した定常状態では$\frac{E}{R} = \frac{10}{50}$〔A〕= 200〔mA〕となります．このときの電流の変化は，次式で表されます．

$$i = \frac{E}{R}(1 - e^{-t/T}) \, [\text{A}]$$

また，$t = T$のときの電流を求めてみると，

$$i = \frac{E}{R}(1 - e^{-T/T}) = \frac{E}{R}(1 - e^{-1})$$

$$= \frac{E}{R}\left(1 - \frac{1}{e^1}\right) \fallingdotseq \frac{E}{R}\left(1 - \frac{1}{2.718}\right)$$

$$= \frac{E}{R}(1 - 0.368) \fallingdotseq 0.632 \frac{E}{R} \, [\text{A}]$$

よって，定常状態の電流値の63.2％となります．

【解答】　2

関数電卓

　国家試験では電卓を使用することはできませんが，関数電卓をお持ちの方も多いと思います．関数電卓の関数の種類を見ると，自然対数$\log_e$(キーの表示はln)の逆関数(shiftキーを押す)にe^xのキーがあります．
　$y = e^x$とすると，$x = \log_e y$の関係があります．

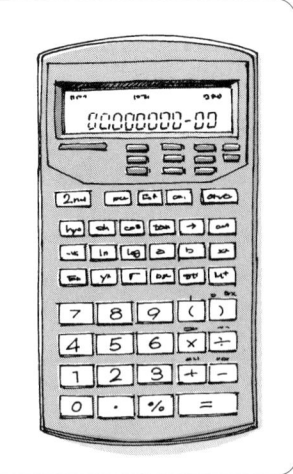

問題13 (1アマ)

図 2.34 に示す回路において，コンデンサ C〔F〕と抵抗 R〔Ω〕の回路を直流電源 E〔V〕で充電するとき，スイッチ SW を接続(ON)としてから t〔s〕後の C の端子電圧 v〔V〕を表す式として，正しいものを下の番号から選べ．ただし，電源電圧を加える前の C には電荷が蓄えられていなかったものとする．

1. $v = E(e^{-\frac{1}{CR}t})$ 〔V〕
2. $v = E(-e^{-\frac{1}{CR}t})$ 〔V〕
3. $v = E(1 - e^{-\frac{1}{CR}t})$ 〔V〕
4. $v = E(1 - e^{CRt})$ 〔V〕
5. $v = E(1 - e^{-CRt})$ 〔V〕

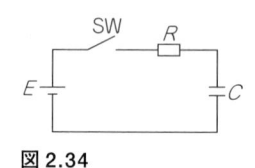

図 2.34

【解説】

(2-18)式より，抵抗に加わる電圧 v_R は次式で表されます．

$$v_R = Ri = R\frac{E}{R}e^{-t/CR}$$

$$= Ee^{-t/CR} \text{〔V〕}$$

コンデンサに加わる電圧 v_C は，電源電圧 E と v_R の差なので，

$$v_C = E - v_R = E(1 - e^{-t/CR}) \text{〔V〕}$$

コンデンサの端子電圧 v_C は，スイッチ SW を閉じた瞬間 $t = 0$ の値は $v_C = 0$ です．定常状態 $t = \infty$ のときは直流電圧 E と同じ値に充電されるので，$v_C = E$ となります．また，時定数は $T = CR$ で表されるので，CR が大きくなると充電時間が長くなります．

【解答】 3

問題 14(1アマ)

図 2.35 に示す回路において，静電容量 100〔μF〕のコンデンサ C を 100〔kΩ〕の抵抗 R を通して 100〔V〕の直流電源 E で充電するとき，スイッチ SW を接続(ON)としてから回路の時定数と等しい 10 秒後の C の端子電圧の値として，最も近いものを下の番号から選べ．ただし，電源電圧を加える前の C には電荷が蓄えられていなかったものとする．

1. 36.8〔V〕
2. 63.2〔V〕
3. 70.7〔V〕
4. 86.7〔V〕
5. 95〔V〕

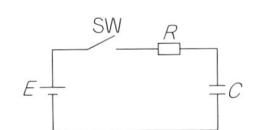

図 2.35

【解説】

時定数 T を求めると，次式で表されます．

$T = CR = 100 \times 10^{-6} \times 100 \times 10^{3}$

$= 10^{2} \times 10^{-6} \times 10^{2} \times 10^{3}$

↑ 10 の何乗の式にして計算する．

$= 10^{2-6+2+3} = 10^{1} = 10$〔s〕

コンデンサに加わる電圧 v_C の $t = 10$〔s〕後の値を求めると，

$v_C = E(1 - e^{-t/T})$

$= 100 \times (1 - e^{-10/10})$

$= 100 \times (1 - e^{-1}) \fallingdotseq 100 \times \left(1 - \dfrac{1}{2.718}\right)$

$\fallingdotseq 100 \times (1 - 0.368) = 63.2$〔V〕

$e \fallingdotseq 2.718$ または，$e^{-1} \fallingdotseq 0.368$ の値を覚えておいた方がよいでしょう．

【解答】 2

9．交流回路

図 2.36 のような電流の最大値が I_m〔A〕の正弦波交流電流の瞬時値 i は，次式で表されます．

$i = I_m \sin \omega t$〔A〕 ……(2-20)

第 2 章　電気回路

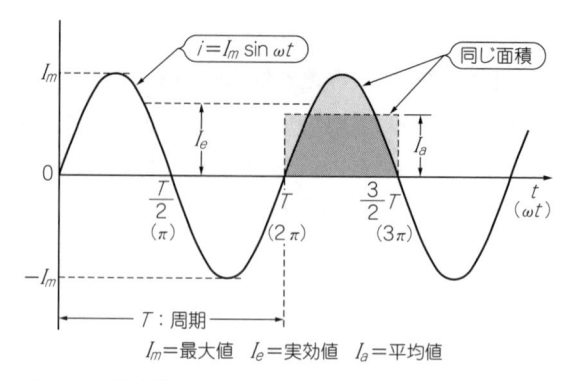

図 2.36　最大値が I_m の正弦波電流

ただし，角周波数（$\omega = 2\pi f = \dfrac{2\pi}{T}$〔rad/s〕）

東日本では，家庭で利用する商用電源は周波数 $f = 50$〔Hz〕なので $\omega = 100\pi$〔rad/s〕，つまり 1 秒間に 100π〔rad〕$= 50 \times 360°$ 角度が変化する三角関数で表される電流です．瞬時値は，ある瞬間の値を表すことができます．電波や送信機に流れる電流も同じように正弦波交流で表されます．

平均値，実効値

最大値 I_m〔A〕の正弦波交流電流を半周期で平均した値を平均値 I_a といい，次式で表されます．

$$I_a = \frac{2}{\pi} I_m \fallingdotseq 0.637\, I_m \text{〔A〕} \qquad \cdots\cdots(2\text{-}21)$$

直流と同じ電力を発生させることができる値を実効値 I_e といい，次式で表されます．

$$I_e = \frac{1}{\sqrt{2}} I_m \fallingdotseq 0.707\, I_m \text{〔A〕} \qquad \cdots\cdots(2\text{-}22)$$

問題 15（1 アマ）

図 2.37 に示す正弦波交流において，実効値 V_e，平均値（絶対値の平均値）V_a，繰り返し周波数 f の値の最も近い組み合わせを下の番号から選べ．

9. 交流回路

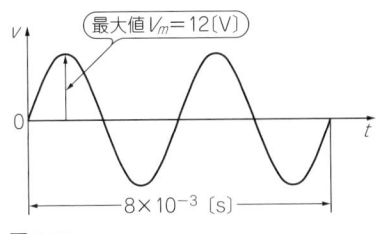

	V_e	V_a	f
1.	7.6 〔V〕	8.5 〔V〕	125 〔Hz〕
2.	7.6 〔V〕	6.0 〔V〕	250 〔Hz〕
3.	8.5 〔V〕	7.6 〔V〕	250 〔Hz〕
4.	8.5 〔V〕	9.4 〔V〕	500 〔Hz〕
5.	9.6 〔V〕	8.5 〔V〕	500 〔Hz〕

図 2.37

【解説】

電圧も電流と同じように，平均値と実効値を求めることができます．正弦波交流電圧の最大値を V_m とすると，実効値 V_e は，

$$V_e = \frac{1}{\sqrt{2}} V_m ≒ \frac{12}{1.41} ≒ 8.5 〔V〕$$

平均値 V_a は，

$$V_a = \frac{2}{\pi} V_m ≒ \frac{2 \times 12}{3.14} ≒ 7.6 〔V〕$$

図 2.37 の波形は 2 周期表示してあるので，周期は $T = 4 \times 10^{-3}$ 〔s〕となり，周波数 f は次式で求めることができます．

$$f = \frac{1}{T} = \frac{1}{4 \times 10^{-3}} = \frac{1}{4} \times 10^3 = \frac{1}{4} \times 1,000 = 250 〔Hz〕$$

【解答】　3

問題 16 (1 アマ)

周波数 50 〔Hz〕の正弦波交流において，位相差 $\frac{\pi}{6}$ 〔rad〕に相当する時間差の値として，最も近いものを下の番号から選べ．

1. 0.34 〔s〕　2. 0.67 〔s〕　3. 1.34 〔ms〕　4. 1.67 〔ms〕

【解説】

この問題は，図を描いて求めれば簡単です．

周波数 $f = 50$ 〔Hz〕の周期 T 〔s〕は，次式で表されます．

$$T = \frac{1}{f} = \frac{1}{50} 〔s〕 = \frac{1,000}{50} \times 10^{-3} 〔s〕$$

$$= 20 〔ms〕$$

周期 T 〔s〕を位相角で表すと 2π 〔rad〕($= 360°$) なので，図 2.38 より π

第2章　電気回路

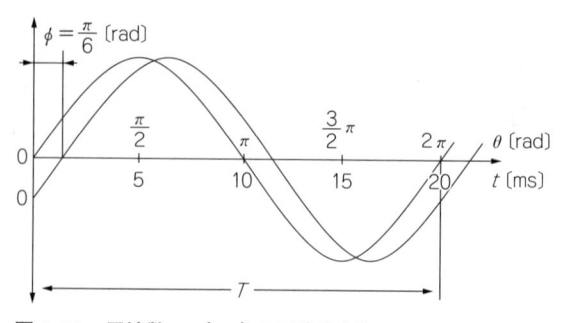

図2.38　周波数50〔Hz〕の正弦波交流

〔rad〕が10〔ms〕になるので，位相差 $\phi = \dfrac{\pi}{6}$〔rad〕に相当する時間差 t〔ms〕は，

$$t = \frac{10}{6} \fallingdotseq 1.67 \text{〔ms〕}$$

「ϕ」はギリシャ文字(小文字)のファイです．

【解答】　4

弧度法

角度は，度，分，秒で表して1周を360°で表す方法と，1周を $2\pi \fallingdotseq 6.28$〔rad：ラジアン〕で表す方法があります．ラジアンで表す方法を弧度法といいます．

弧度法では，図2.39のように半径を1としたときの円周の長さ ℓ が角度 θ と同じ値になります．1〔rad〕$\fallingdotseq$ 57.3°です．「θ」はギリシャ文字のシータです．

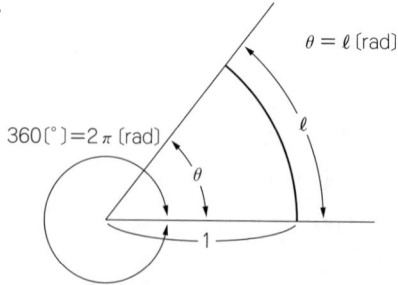

図2.39　弧度法

10. 各素子の電流と電圧

図 2.40 の抵抗，コイル，コンデンサに正弦波交流電流 $i = I_m \sin \omega t$ を流したときの各素子のそれぞれの電圧 $v_R,\ v_L,\ v_C$ は，次式で表されます．

$$v_R = Ri = RI_m \sin \omega t \qquad \cdots\cdots (2\text{-}23)$$

抵抗に加わる電流と電圧は同じ sin で表されるので，位相（波のずれのこと）が一致しています．

$$v_L = \omega L I_m \cos \omega t = X_L I_m \cos \omega t \qquad \cdots\cdots (2\text{-}24)$$

コイルでは，電流の sin に対して電圧は cos で表されるので，位相が $90°=\dfrac{\pi}{2}$〔rad〕進んでいます．

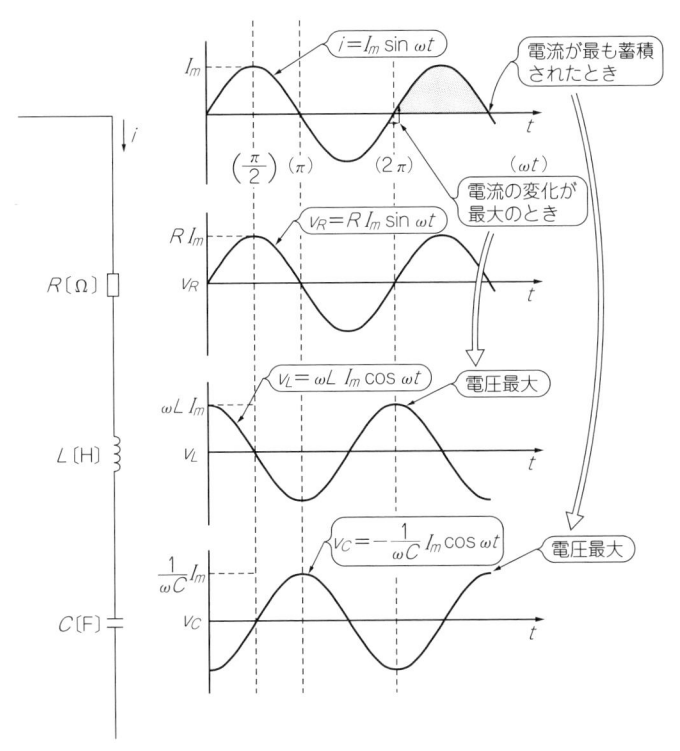

図 2.40　各素子の電流と電圧

$$v_C = -\frac{1}{\omega C} I_m \cos \omega t$$

$$= -X_C I_m \cos \omega t \qquad \cdots\cdots (2\text{-}25)$$

コンデンサでは，電流の sin に対して電圧は － cos で表されるので，位相が 90°遅れています．

電圧の求め方（微分・積分）

ファラデーの法則より，電流の変化からコイル L の電圧を求めることができます．

$$v_L = L \frac{d}{dt} i \qquad \cdots\cdots (2\text{-}26)$$

電流を蓄積した値が電荷なので，電荷とコンデンサの静電容量 C から電圧を求めることができます．

$$v_C = \frac{1}{C} \int i\, dt \qquad \cdots\cdots (2\text{-}27)$$

これらの演算を行うと，v_L, v_C を求めることができます．

X_L や X_C は，抵抗と同じように電流を妨げる働きを表したものでリアクタンスといいます．リアクタンスを用いると交流回路も直流回路の抵抗と同じように計算することができます．ただし，抵抗，コイル，コンデンサの電圧の位相がずれているので，ベクトル図を用いて計算します．

11. フェーザ表示

周期が一定の正弦波交流の電流や電圧において，大きさや位相差を表すときは図 2.41 のようなベクトル図が用いられます．この表示方法をフェーザ表示といいます．また，これらの値を複素数で表し，電気回路の演算に用います．この方法を用いれば，sin や cos で表される瞬時値を用いなくても電流や電圧を計算できます．

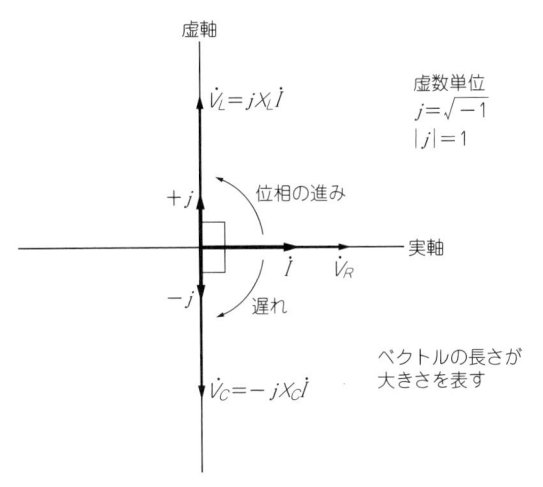

図 2.41　ベクトル図

> **_j と位相_**
> $\dot{V} = jX\dot{I}$ で表されるとき，$\dot{V}$ は $\dot{I}$ より $90° = \dfrac{\pi}{2}$ 〔rad〕位相が進んでいます．
> $\dot{V} = -jX\dot{I}$ で表されるとき，$\dot{V}$ は $\dot{I}$ より $90° = \dfrac{\pi}{2}$ 〔rad〕位相が遅れています．

12. インピーダンス

図 2.42 に示す RLC 直列回路では，次式が成り立ちます．

$$\begin{aligned}
\dot{V} &= \dot{V}_R + \dot{V}_L + \dot{V}_C \\
&= R\dot{I} + jX_L\dot{I} - jX_C\dot{I} \\
&= R\dot{I} + j(X_L - X_C)\dot{I} \\
&= \{R + j(X_L - X_C)\}\dot{I} \\
&= \left\{R + j\left(\omega L - \dfrac{1}{\omega C}\right)\right\}\dot{I} \\
&= \dot{Z}\dot{I} \ \text{〔V〕}
\end{aligned}$$

……(2-28)

このとき，$\dot{Z}$ をインピーダンスといいます．

第 2 章　電気回路

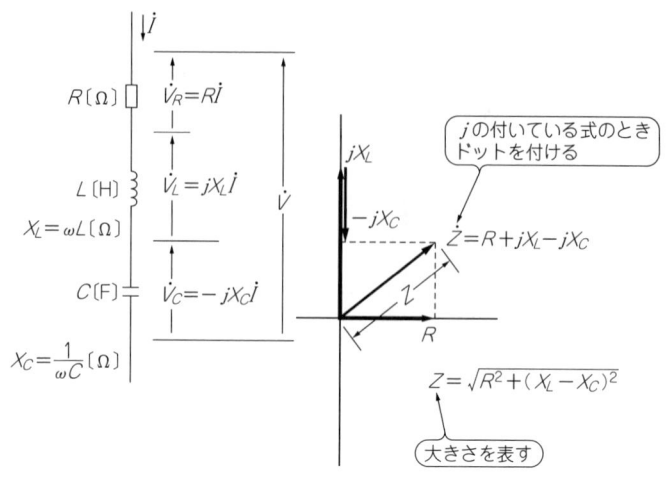

図 2.42　RLC 回路

$$\dot{Z} = R + j(X_L - X_C)$$
$$= R + j\left(\omega L - \frac{1}{\omega C}\right) [\Omega] \quad \cdots\cdots (2\text{-}29)$$

また，$\dot{Z}$ の大きさ $Z(=|\dot{Z}|)$ は，次式で表されます．

$$Z = \sqrt{R^2 + (X_L - X_C)^2}$$
$$= \sqrt{R^2 + \left(\omega L - \frac{1}{\omega C}\right)^2} [\Omega] \quad \cdots\cdots (2\text{-}30)$$

13．各素子のフェーザ表示

　交流電流や電圧は，sin や cos で表した瞬時値表示と $\dot{I}$ や $\dot{V}$ の・の付いた記号で表す複素数表示があります．瞬時値表示は，瞬間の値を知ることができます．複素数表示は，大きさと電圧と電流などの間の位相の関係を知ることができます．$\dot{I}$ や $\dot{V}$ の大きさは，

　　　I または $|\dot{I}|$　　　V または $|\dot{V}|$

の記号で表されます．これらは実効値を表すので，最大値を I_m，V_m とすると，

　　　$I_m = \sqrt{2}\, I$　　　$V_m = \sqrt{2}\, V$

となります.

交流回路を複素数表示したときでも，jの計算方法以外は直流回路と同じように計算できます．オームの法則やキルヒホッフの法則，直列回路や並列回路も同じように計算できます．

(1) 抵抗回路

抵抗回路では，電流と電圧の位相は同相です．

図2.43に示すように，抵抗R〔Ω〕に交流電流$\dot{I}$〔A〕が流れているとき，抵抗に加わっている電圧$\dot{V}$〔V〕は，次式で表されます．

$$\dot{V} = R\dot{I} \text{〔V〕}$$

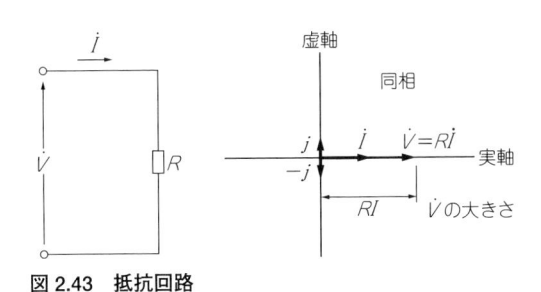

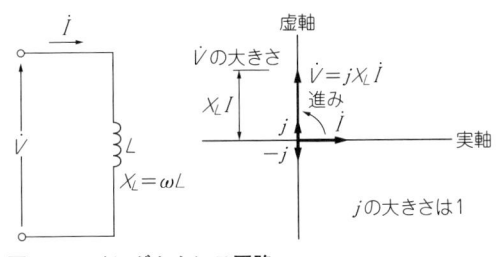

図2.43　抵抗回路

(2) インダクタンス回路

インダクタンス回路では，電圧は電流よりも位相が$\frac{\pi}{2}$〔rad〕= 90°進んでいます．

図2.44に示すインダクタンスL〔H〕のコイルに加わっている電圧$\dot{V}$は，

$$\dot{V} = j\omega L\dot{I} = jX_L\dot{I} \text{〔V〕} \quad \cdots\cdots(2\text{-}31)$$

ここで，$\omega = 2\pi f$〔rad/s〕は電圧や電流の角周波数，f〔Hz〕は周波数，

図2.44　インダクタンス回路

X_L〔Ω〕は誘導性リアクタンスです．X_L は周波数に比例するので，周波数が高くなると大きくなります．

(3) コンデンサ回路

コンデンサ回路では，電圧は電流よりも位相が $\dfrac{\pi}{2}$〔rad〕= 90°遅れています．

図 2.45 に示す静電容量 C〔F〕のコンデンサに加わっている電圧 $\dot{V}$〔V〕は，

$$\dot{V} = \frac{1}{j\omega C} \dot{I} = -jX_C \dot{I} \text{〔V〕} \quad \cdots\cdots(2\text{-}32)$$

↑ $\dfrac{1}{j}$ は $-j$

ここで，X_C〔Ω〕は容量性リアクタンスです．X_C は周波数に反比例するので，周波数が高くなると小さくなります．

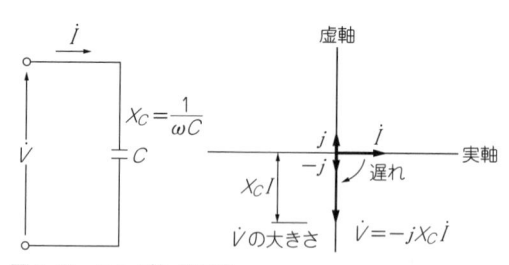

図 2.45 コンデンサ回路

jの計算

$j = \sqrt{-1}$

$j^2 = j \times j = -1$

$\dfrac{1}{j} = \dfrac{j}{j \times j}$

$\phantom{\dfrac{1}{j}} = \dfrac{j}{-1} = -j$

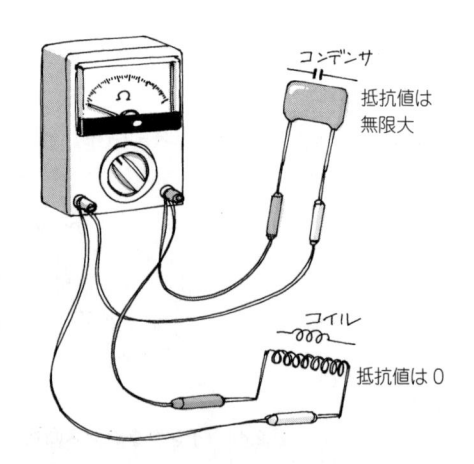

抵抗の値は交流電流の周波数が変化しても変化しませんが，コイルやコンデンサのリアクタンスは変化します．コイルは導線を巻いた構造で，周波数が低くなるとリアクタンスは小さくなり，直流では 0 になります．コンデンサは，絶縁体に対向させた電極に静電気をためる構造で，周波数が低くなるとリアクタンスは大きくなり，直流では無限大(∞)になります．

14. インピーダンスの計算

(1) 直列接続

抵抗の直列と同じように計算します．抵抗と異なることは，j の計算方法が違うだけです．

図 2.46 のように，インピーダンスを直列接続したときの合成インピーダンス $\dot{Z}_S$ は，次式で表されます．

$$\dot{Z}_S = \dot{Z}_1 + \dot{Z}_2 + \dot{Z}_3 \; [\Omega] \qquad \cdots\cdots(2\text{-}33)$$

回路を流れる電流は一定なので，各インピーダンスに加わる電圧が変化します．

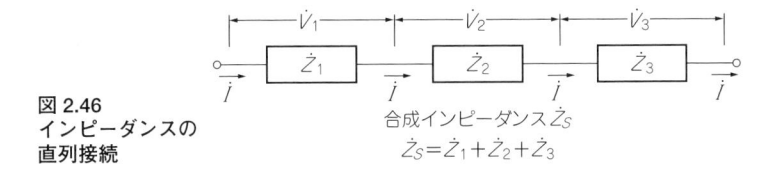

図 2.46 インピーダンスの直列接続

問題 17 (2 アマ)

図 2.47 において，抵抗の値が 12 [Ω]，コンデンサのリアクタンスが 18 [Ω] およびコイルのリアクタンスが 34 [Ω] のとき，端子 ab 間の合成インピーダンスの大きさ(絶対値)として，正しいものを下の番号から選べ．

1. 20 [Ω]
2. 28 [Ω]
3. 31 [Ω]
4. 40 [Ω]
5. 53 [Ω]

図 2.47

第 2 章　電気回路

【解説】

抵抗 $R = 12\,[\Omega]$，コイルおよびコンデンサのリアクタンス $X_L = 34\,[\Omega]$，$X_C = 18\,[\Omega]$ を直列接続したときの合成インピーダンスの大きさ Z は，

$$Z = \sqrt{R^2 + (X_L - X_C)^2}$$
$$= \sqrt{12^2 + (34 - 18)^2} = \sqrt{12 \times 12 + 16 \times 16}$$

↑ 2乗は同じ数を2回掛ける。

$$= \sqrt{144 + 256} = \sqrt{400} = \sqrt{20 \times 20} = 20\,[\Omega]$$

↑ 足し算は後に計算する。

なお，j を使った式で表せば，合成インピーダンス $\dot{Z}$ は次式で表されます。

$$\dot{Z} = R + jX_L - jX_C$$

【解答】　1

(2) 並列接続

図 2.48 のように，インピーダンスを並列接続したときの合成インピーダンスを $\dot{Z}_P$ とすると，次式で表されます。

$$\frac{1}{\dot{Z}_P} = \frac{1}{\dot{Z}_1} + \frac{1}{\dot{Z}_2} + \frac{1}{\dot{Z}_3} \quad \cdots\cdots (2\text{-}34)$$

二つのインピーダンスの並列接続では，次式で表すこともできます。

$$\dot{Z}_P = \frac{\dot{Z}_1 \dot{Z}_2}{\dot{Z}_1 + \dot{Z}_2}\,[\Omega] \quad \cdots\cdots (2\text{-}35)$$

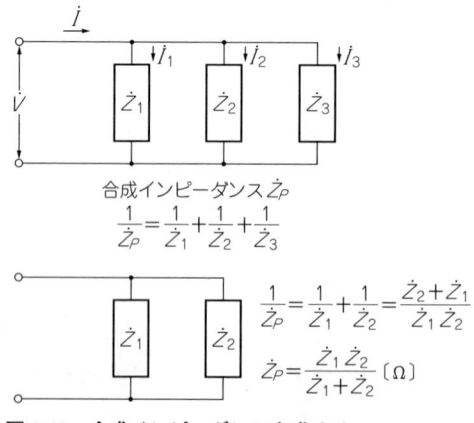

図 2.48　合成インピーダンスを求める

14. インピーダンスの計算

問題 18 (1アマ)

図 2.49 に示す回路の合成インピーダンスの大きさの値として，正しいものを下の番号から選べ．ただし，抵抗 R の抵抗値は 18 $[\Omega]$，コンデンサ C のリアクタンスは 9 $[\Omega]$ およびコイル L のリアクタンスは 18 $[\Omega]$ とする．

1. 9 $[\Omega]$
2. 18 $[\Omega]$
3. 27 $[\Omega]$
4. 36 $[\Omega]$
5. 45 $[\Omega]$

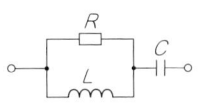

図 2.49

【解説】

抵抗 R とコイルのリアクタンス X_L の並列回路の合成インピーダンス $\dot{Z}_1$ を求めると，次式で表されます．

$$\dot{Z}_1 = \frac{R \times jX_L}{R + jX_L} = \frac{18 \times j18}{18 + j18}$$

$$= \frac{18 \times j18}{18 \times (1 + j1)} = \frac{j18 \times (1 - j1)}{(1 + j1) \times (1 - j1)}$$

分母の j 項を消すために分母と分子に $(1 - j1)$ を掛ける．

$$= \frac{j18 + 18}{1^2 + 1^2} = 9 + j9 \ [\Omega]$$

↑ 実数項と j 項は別々に計算する．

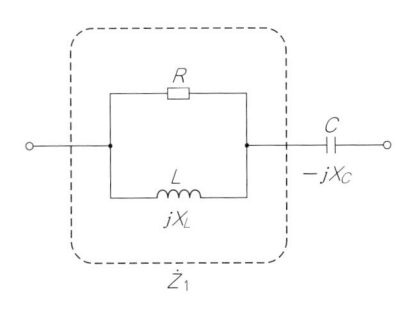

図 2.50 合成インピーダンスを求める

コンデンサのリアクタンス X_C と $\dot{Z}_1$ の直列合成インピーダンスが回路の合成インピーダンス $\dot{Z}$ となるので，

$$\dot{Z} = \dot{Z}_1 - jX_C = 9 + j9 - j9 = 9 \,[\Omega]$$

よって，その大きさ $Z = 9\,[\Omega]$ となります．

この問題では，計算の結果 $\dot{Z}$ の虚数部がなくなりましたが，$\dot{Z}$ の値に j が含まれる場合は，三平方の定理(ピタゴラスの定理)を使って，大きさを求めます．

【解答】　1

因数分解の公式

$$(a+b)(a-b) = a^2 - ab + ab - b^2$$
$$= a^2 - b^2$$
$$(a+jb)(a-jb) = a^2 - (jb)^2$$
$$= a^2 - j^2 b^2$$
$$= a^2 + b^2$$

ただし，$j^2 = (\sqrt{-1})^2 = -1$

問題19 (1アマ)

図 2.51 に示す回路の合成インピーダンスの大きさの値として，最も近いものを下の番号から選べ．

1. $5\,[\Omega]$
2. $8\,[\Omega]$
3. $11\,[\Omega]$
4. $16\,[\Omega]$
5. $19\,[\Omega]$

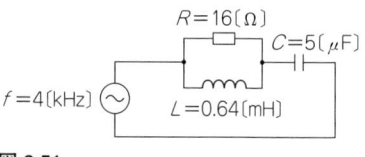

図 2.51

【解説】

問題には，コイルはインダクタンス $L\,[\mathrm{H}]$，コンデンサは静電容量 $C\,[\mathrm{F}]$ の値が与えられていますが，それらの値をリアクタンスに直さなければインピーダンスの計算はできません．

コイルのリアクタンスの大きさ X_L は，次式で表されます．

$$X_L = \omega L = 2\pi f L = 2 \times 3.14 \times 4 \times 10^3 \times 0.64 \times 10^{-3}$$
$$= 8 \times 3.14 \times 0.64 \fallingdotseq 16\,[\Omega]$$

コンデンサのリアクタンスの大きさ X_C は，次式で表されます．

$$X_C = \frac{1}{\omega C} = \frac{1}{2\pi f C}$$

$$\doteqdot 0.16 \times \frac{1}{4 \times 10^3 \times 5 \times 10^{-6}} = \frac{0.16}{2} \times 10^2 = 8 \,[\Omega]$$

$1/(2\pi) \doteqdot 0.16$ を覚えておくと計算が楽になる．

抵抗 R とコイルのリアクタンス X_L の並列回路の合成インピーダンス $\dot{Z}_1$ を求めると，

$$\dot{Z}_1 = \frac{R \times jX_L}{R + jX_L} = \frac{16 \times j16}{16 + j16}$$

$$= \frac{16 \times j16}{16 \times (1 + j1)} = \frac{j16 \times (1 - j1)}{(1 + j1) \times (1 - j1)}$$

$$= \frac{j16 + 16}{1^2 + 1^2} = 8 + j8 \,[\Omega]$$

合成インピーダンス $\dot{Z}$ は，

$$\dot{Z} = \dot{Z}_1 - jX_C$$

$$= 8 + j8 - j8 = 8 \,[\Omega]$$

よって，その大きさ $Z = 8 \,[\Omega]$ となります．

【解答】　2

問題 20 (2アマ)

図 2.52 に示す回路の合成インピーダンスの値として，正しいものを下の番号から選べ．ただし，C_1 および C_2 のリアクタンスの値は，それぞれ 5 〔Ω〕および 20〔Ω〕とする．

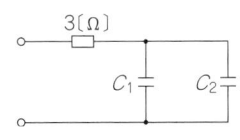

1. 3〔Ω〕
2. 5〔Ω〕
3. 10〔Ω〕
4. 24〔Ω〕
5. 28〔Ω〕

図 2.52

【解説】

問題 18 と同じ合成インピーダンスを求める問題ですが，並列回路のリア

第 2 章　電気回路

クタンスがコンデンサのみで同じ種類なので，もっと簡単に求めることができます．ここが 1 アマと 2 アマの問題の違いです．

C_1 と C_2 のリアクタンス X_{C1}，X_{C2} の合成リアクタンス X_C を求めると，

$$X_C = \frac{X_{C1} X_{C2}}{X_{C1} + X_{C2}} = \frac{5 \times 20}{5 + 20} = \frac{100}{25} = 4 \,[\Omega]$$

同じ種類のリアクタンスのときは，j を取って計算した方が簡単に計算できる．

よって，合成インピーダンス Z は，

$$Z = \sqrt{R^2 + X_C^2}$$
$$= \sqrt{3^2 + 4^2} = \sqrt{9 + 16} = \sqrt{25} = 5 \,[\Omega]$$

↑ よく出てくる数値なので計算結果の 3, 4, 5 の数値を覚えよう．

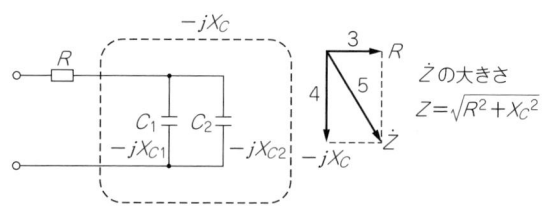

図 2.53　合成インピーダンスを求める

【解答】　2

問題 21 (2 アマ)

図 2.54 に示す回路において，コンデンサ C の端子電圧 V_C および抵抗 R の端子電圧 V_R の大きさの値の組み合わせとして，最も近いものを下の番号から選べ．ただし，電源電圧を 50 [V]，C のリアクタンス X_C を 6 [Ω]，R を 8 [Ω] とする．

	V_C	V_R
1.	20 [V]	30 [V]
2.	20 [V]	40 [V]
3.	30 [V]	20 [V]
4.	30 [V]	40 [V]
5.	40 [V]	30 [V]

図 2.54

【解説】

大きさを求めるときは，j の式で表さなくても三平方の定理(ピタゴラスの定理)を用いて計算できます．

直列合成インピーダンスの大きさ Z は，次式で表されます．

$$Z = \sqrt{R^2 + X_C^2} \,[\Omega]$$

↑ リアクタンスが $-j$ でも $+$．

電流の大きさ I は，次式で表されます．

$$I = \frac{V}{Z} = \frac{V}{\sqrt{R^2 + X_C^2}}$$

$$= \frac{50}{\sqrt{8^2 + 6^2}} = \frac{50}{10} = 5 \,[A]$$

↑ 6, 8, 10 も覚えよう．

よって，V_C および V_R は，

$$V_C = X_C I = 6 \times 5 = 30 \,[V]$$

$$V_R = RI = 8 \times 5 = 40 \,[V]$$

なお，j を使った式で表せば，電流 $\dot{I}$ は次式で表されます．

$$\dot{I} = \frac{\dot{V}}{R - jX_C}$$

【解答】 4

15. アドミタンス

インピーダンス $\dot{Z}\,[\Omega]$ は抵抗と同じように電流を妨げる量を表しますが，インピーダンスの逆数をとって電流を流しやすくする量を表す値をアドミタンスといいます．アドミタンス $\dot{Y}\,[S：ジーメンス]$ は次式で表されます．

$$\dot{Y} = G + jB \,[S] \quad \cdots\cdots(2\text{-}36)$$

ここで，G はコンダクタンス，B はサセプタンスといいます．

図 2.55 の RL 直列回路のアドミタンスは，

$$\dot{Z} = R + j\omega L$$

より，

第2章 電気回路

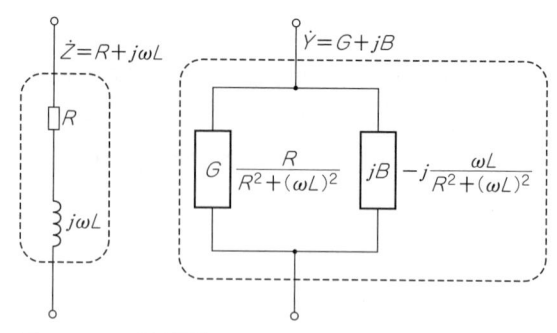

図 2.55 RL 直列回路

$$\dot{Y} = \frac{1}{\dot{Z}} = \frac{1}{R + j\omega L}$$

$$= \frac{1}{(R + j\omega L)} \times \frac{(R - j\omega L)}{(R - j\omega L)}$$

$$= \frac{R}{R^2 + (\omega L)^2} - j\frac{\omega L}{R^2 + (\omega L)^2} \text{ (S)} \quad \cdots\cdots(2\text{-}37)$$

この計算のように，直列回路の合成アドミタンスを求めるのは面倒ですが，並列回路の合成アドミタンスはそれぞれのアドミタンスの和で求めることができるので，並列回路の計算ではアドミタンスを用いると楽に計算することができます．

問題 22 (1 アマ)

図 2.56 に示す回路において，交流電源電圧が 200 [V]，抵抗 R_1 が 20 [Ω]，抵抗 R_2 が 20 [Ω] およびコイル L のリアクタンスが 20 [Ω] であるとき，R_2 を流れる電流 $\dot{I}$ の値として，正しいものを下の番号から選べ．

1. $2 + j2$ [A]
2. $2 - j3$ [A]
3. $3 + j2$ [A]
4. $3 - j3$ [A]
5. $4 + j2$ [A]

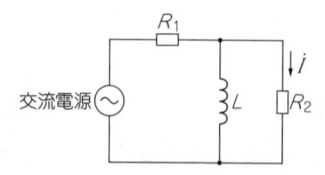

図 2.56

【解説】

直流回路で学習したミルマンの定理を思い出してください．この回路は並

86

列に三つのインピーダンスが接続されているので，ミルマンの定理を使って計算することができます．

まず，図 2.57 のように電圧 $\dot{V}$ を定めてミルマンの定理より $\dot{V}$ を求めると，

↓電圧源が一つなので等価電流源も一つ．

$$\dot{V} = \frac{\dfrac{\dot{E}}{R_1}}{\dfrac{1}{R_1} + \dfrac{1}{jX} + \dfrac{1}{R_2}}$$

$$= \frac{\dfrac{200}{20}}{\dfrac{1}{20} + \dfrac{1}{j20} + \dfrac{1}{20}}$$

$$= \frac{\dfrac{200}{20} \times j20}{\dfrac{j20}{20} + \dfrac{j20}{j20} + \dfrac{j20}{20}}$$

↑分母と分子に同じ数を掛けて分数を簡単にする．

$$= \frac{j200}{1 + j2} \times \frac{1 - j2}{1 - j2}$$

↑分母の j 項を消すために分母と分子に $(1 - j2)$ を掛ける．

$$= \frac{j200 - j^2 \times 400}{1^2 - j^2 \times 2^2}$$

$$= \frac{j200 + 400}{5} = j40 + 80 \,[\mathrm{V}]$$

よって，R_2 を流れる電流 $\dot{I}$ は，

$$\dot{I} = \frac{\dot{V}}{R_2} = \frac{80 + j40}{20} = 4 + j2 \,[\mathrm{A}]$$

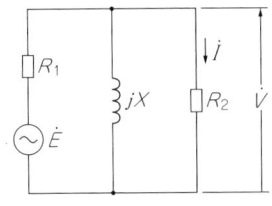

図 2.57　ミルマンの定理

【解答】　5

第2章 電気回路

> **ミルマンの定理**
>
> 図 2.58 のように，いくつかの電圧源とインピーダンスが並列に接続されているときの端子電圧 $\dot{V}$ は，次式で表されます．
>
> $$\dot{V} = \frac{\dfrac{\dot{E}_1}{\dot{Z}_1} + \dfrac{\dot{E}_2}{\dot{Z}_2} + \dfrac{\dot{E}_3}{\dot{Z}_3}}{\dfrac{1}{\dot{Z}_1} + \dfrac{1}{\dot{Z}_2} + \dfrac{1}{\dot{Z}_3}} \ \text{(V)} \qquad \cdots\cdots (2\text{-}38)$$
>
> **図 2.58** 電圧源を電流源に置き換えた回路

アドミタンスはインピーダンスの逆数で表されます．図 2.59 のように各素子が並列接続された回路では，抵抗やリアクタンスそれぞれのコンダクタンス（アドミタンスの実数部）やサセプタンス（アドミタンスの虚数部）を求めて，和をとることによって合成アドミタンスを計算できます．

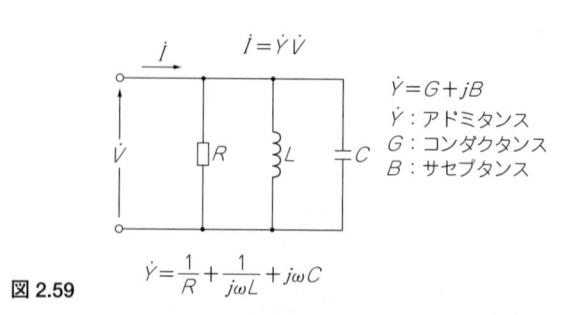

$\dot{Y} = G + jB$
$\dot{Y}$：アドミタンス
G：コンダクタンス
B：サセプタンス

$$\dot{Y} = \frac{1}{R} + \frac{1}{j\omega L} + j\omega C$$

図 2.59

問題 23 (1アマ)

図 2.60 に示す RLC の並列回路において,抵抗 R が 50 [Ω],コンデンサ C のリアクタンスが 100 [Ω] およびコイル L のリアクタンスが 25 [Ω] であるときの電流 I の値として,正しいものを下の番号から選べ.

1. $2 - j3$ [A]
2. $2 + j3$ [A]
3. $2 - j6$ [A]
4. $4 - j4$ [A]
5. $4 + j4$ [A]

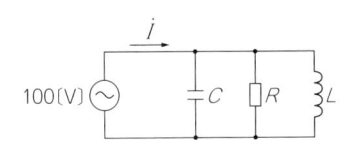

図 2.60

【解説】

図 2.61 に示すように回路を流れる電流 $\dot{I}$ は,RLC のそれぞれを流れる電流 $\dot{I}_R$, $\dot{I}_L$, $\dot{I}_C$ の和で表されます.

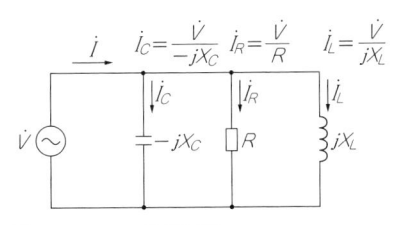

図 2.61　*RLC* 並列回路

電源電圧を $\dot{V}$,コイルのリアクタンスを X_L,コンデンサのリアクタンスを X_C とすると,それぞれに加わる電圧は同じなので,それぞれに流れる電流は,

$$\dot{I}_R = \frac{\dot{V}}{R} = \frac{100}{50} = 2 \,[\text{A}]$$

$$\dot{I}_L = \frac{\dot{V}}{jX_L} = -j\frac{100}{25} = -j4 \,[\text{A}]$$
$$\uparrow \tfrac{1}{j} = -j$$

$$\dot{I}_C = \frac{\dot{V}}{-jX_C} = j\frac{100}{100} = j1 \,[\text{A}]$$
$$\uparrow \tfrac{1}{(-j)} = j$$

したがって,

$$\dot{I} = \dot{I}_R + \dot{I}_L + \dot{I}_C$$
$$= 2 - j4 + j1 = 2 - j3 \text{ (A)}$$
↑ 実数部と虚数部(j)は別々に計算する.

また,アドミタンスを用いて,次のように求めることもできます.
回路のアドミタンス$\dot{Y}$は,次式で表されます.

$$\dot{Y} = \frac{1}{R} + \frac{1}{jX_L} + \frac{1}{-jX_C} \text{ (S)}$$
↑ 抵抗とリアクタンスのそれぞれの逆数をとる.

回路を流れる電流$\dot{I}$は,次式で表されます.

$$\dot{I} = \dot{Y}\dot{V}$$
$$= \frac{\dot{V}}{R} + \frac{\dot{V}}{jX_L} + \frac{\dot{V}}{-jX_C}$$
$$= 2 - j4 + j1 = 2 - j3 \text{ (A)}$$

【解答】 1

問題 24 (2アマ)

図 2.62 に示す LR 並列回路の合成インピーダンス Z および電流 I の大きさの値として,最も近い組み合わせを下の番号から選べ.ただし,E は 100〔V〕,f は 50〔Hz〕,R は 20〔Ω〕および L は 64〔mH〕とする.

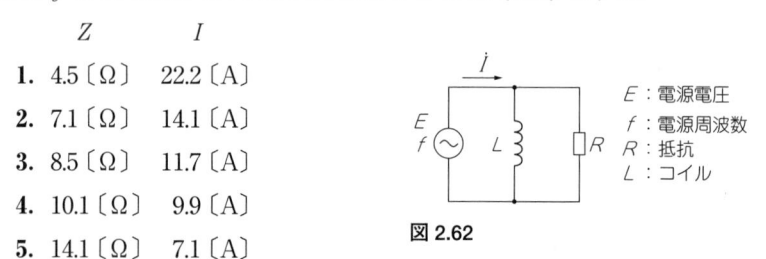

	Z	I
1.	4.5〔Ω〕	22.2〔A〕
2.	7.1〔Ω〕	14.1〔A〕
3.	8.5〔Ω〕	11.7〔A〕
4.	10.1〔Ω〕	9.9〔A〕
5.	14.1〔Ω〕	7.1〔A〕

E:電源電圧
f:電源周波数
R:抵抗
L:コイル

図 2.62

【解説】
コイルの値がインダクタンス L〔H〕で与えられているので,リアクタンス X_L〔Ω〕に直してからインピーダンスや電流を求めます.

また,合成インピーダンスを先に求めるよりも,電流を求めてから合成インピーダンスを求めた方が計算が簡単なので,電流を先に求めます.

コイルのリアクタンス X_L は,次式で表されます.

$$X_L = 2\pi fL$$
$$= 2 \times 3.14 \times 50 \times 64 \times 10^{-3}$$
$$= 3.14 \times 64 \times 100 \times 10^{-3}$$
$$= 3.14 \times 64 \times 10^{-1} \fallingdotseq 20 \, [\Omega]$$

コイルと抵抗を流れる電流 $\dot{I}_L$, $\dot{I}_R$ は，次式で表されます．

$$\dot{I}_L = \frac{\dot{V}}{jX_L} = -j\frac{100}{20} = -j5 \, [A]$$

↑ ˙ の付いた記号は大きさと位相を表す．

$$\dot{I}_R = \frac{\dot{V}}{R} = \frac{100}{20} = 5 \, [A]$$

↑ $\dot{I}_L$ は $\dot{I}_R$ より 90°位相が遅れている．

回路を流れる電流の大きさ I は，次式で表されます．

$$I = \sqrt{I_R{}^2 + I_L{}^2} = \sqrt{5^2 + 5^2} = \sqrt{2 \times 5^2} = \sqrt{2} \times 5$$

↑ ˙ のない記号は大きさのみを表す．

$$\fallingdotseq 1.41 \times 5 \fallingdotseq 7.1 \, [A]$$

合成インピーダンスの大きさ Z は，次式で表されます．

$$Z = \frac{E}{I} = \frac{100}{7.1} = 14.1 \, [\Omega]$$

また，インピーダンスを先に求める場合は，アドミタンスを用いて計算します．回路のアドミタンス $\dot{Y}$ は，次式で表されます．

$$\dot{Y} = \frac{1}{R} + \frac{1}{jX_L} \fallingdotseq \frac{1}{20} - j\frac{1}{20} \, [S]$$

アドミタンスの大きさ Y を求めると，

$$Y = \sqrt{\left(\frac{1}{20}\right)^2 + \left(\frac{1}{20}\right)^2} = \sqrt{2 \times \left(\frac{1}{20}\right)^2} = \sqrt{2} \times \frac{1}{20} \, [S]$$

↑ $-j$ でも大きさを求めるときは + で計算する．

インピーダンスの大きさ Z は，

$$Z = \frac{1}{Y} = \frac{20}{\sqrt{2}} = \frac{20 \times \sqrt{2}}{\sqrt{2} \times \sqrt{2}} = \frac{20\sqrt{2}}{2} = 10\sqrt{2} \fallingdotseq 14.1 \, [\Omega]$$

【解答】　5

第 2 章　電気回路

問題 25 (1 アマ)

図 2.63 に示す RLC よりなる回路の合成インピーダンスの値として，正しいものを下の番号から選べ．ただし，L のリアクタンスの大きさは 20〔Ω〕，C のリアクタンスの大きさのは 10〔Ω〕，および R の抵抗値は 10〔Ω〕とする．

1. 5〔Ω〕　　2. 8〔Ω〕
3. 10〔Ω〕　 4. 15〔Ω〕
5. 20〔Ω〕

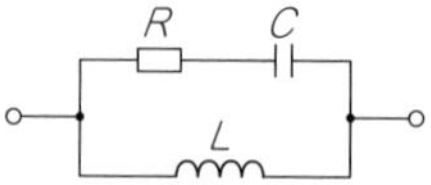

図 2.63

【解説】

RC 直列回路の合成インピーダンスは，L のリアクタンスと並列に接続されているので，アドミタンスに直して計算します．

抵抗 R とコンデンサのリアクタンス X_C の直列回路の合成インピーダンス $\dot{Z}_1$ を求めると，次式で表されます．

$$\dot{Z}_1 = R - jX_C = 10 - j10 \text{〔Ω〕}$$

アドミタンス $\dot{Y}_1$ に変換すると，

$$\dot{Y}_1 = \frac{1}{\dot{Z}_1} = \frac{1}{10 - j10}$$

↓分母の j 項を消すために分母と分子に $(10 + j10)$ を掛ける．

$$= \frac{1}{10 - j10} \times \frac{10 + j10}{10 + j10} = \frac{10}{10^2 + 10^2} + j\frac{10}{10^2 + 10^2}$$

↑ $(10 - j10) \times (10 + j10) = 10^2 - j^2 \times 10^2 = 10^2 + 10^2$

$$= \frac{1}{20} + j\frac{1}{20} \text{〔S〕}$$

コイル L のリアクタンス X_L をアドミタンス $\dot{Y}_2$ に変換すると，

$$\dot{Y}_2 = \frac{1}{jX_L} = -j\frac{1}{20} \text{〔S〕}$$

↑ $\frac{1}{j} = \frac{j}{j^2} = -j$

$\dot{Y}_1$ と $\dot{Y}_2$ の合成アドミタンス $\dot{Y}$ は，

$$\dot{Y} = \dot{Y}_1 + \dot{Y}_2 = \frac{1}{20} + j\frac{1}{20} - j\frac{1}{20} = \frac{1}{20} \text{〔S〕}$$

↑ 合成アドミタンスは並列のとき和で求めることができる．

よって，合成インピーダンス $\dot{Z}$ は，

$$\dot{Z} = \frac{1}{\dot{Y}} = 20 \,[\Omega]$$

【解答】 5

コイルやコンデンサの定数

コイル

　インダクタンス ⟶ L [H：ヘンリー]

　リアクタンス（インピーダンス）⟶ $jX_L = j\omega L$ [Ω：オーム]

　サセプタンス（アドミタンス）⟶ $-jB_L = -j\dfrac{1}{\omega L}$ [S：ジーメンス]

コンデンサ

　静電容量 ⟶ C [F：ファラッド]

　リアクタンス（インピーダンス）⟶ $-jX_C = -j\dfrac{1}{\omega C}$ [Ω]

　サセプタンス（アドミタンス）⟶ $jB_C = j\omega C$ [S]

　ただし，電源の周波数を f [Hz] とすると電源の角周波数 ω は，
　$\omega = 2\pi f$ [rad/s]

16．共振回路

図 2.64 のように，抵抗 R，コイル L，コンデンサ C を接続した回路を共振回路といいます．共振回路には，図 2.64(a) の直列共振回路と図 2.64(b)

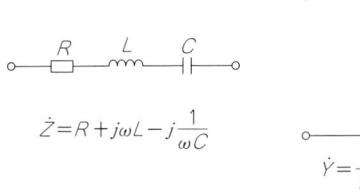

(a) 直列共振回路
$$\dot{Z} = R + j\omega L - j\frac{1}{\omega C}$$

(b) 並列共振回路
$$\dot{Y} = \frac{1}{R} - j\frac{1}{\omega L} + j\omega C$$

図 2.64　共振回路

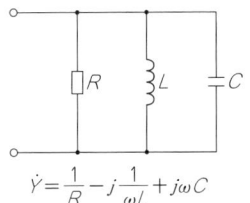

の並列共振回路があります．

(1) 直列共振回路

図 2.64(a)の直列共振回路の合成インピーダンスは，次式で表されます．

$$\dot{Z} = R + j\left(\omega L - \frac{1}{\omega C}\right) \, [\Omega] \qquad \cdots\cdots (2\text{-}39)$$

ここで，電源の角周波数ωを変化させると虚数部が0となる角周波数$\omega_r = 2\pi f_r$において次式が成り立ちます．

$$\omega_r L - \frac{1}{\omega_r C} = 0$$

$$\omega_r^2 = \frac{1}{LC}$$

$$(2\pi f_r)^2 = \frac{1}{LC}$$

したがって，

$$f_r = \frac{1}{2\pi\sqrt{LC}} \, [\text{Hz}] \qquad \cdots\cdots (2\text{-}40)$$

インピーダンスの虚数部が0となるので，インピーダンスは最小となり，このときの周波数f_rを共振周波数といいます．

(2) 並列共振回路

図 2.64(b)の並列共振回路の合成アドミタンスは，次式で表されます．

$$\dot{Y} = \frac{1}{R} + j\left(\omega C - \frac{1}{\omega L}\right) \, [\text{S}] \qquad \cdots\cdots (2\text{-}41)$$

共振周波数f_rは，直列共振回路の共振周波数と同じ式で表されます．

$$f_r = \frac{1}{2\pi\sqrt{LC}} \, [\text{Hz}] \qquad \cdots\cdots (2\text{-}42)$$

問題 26 (2アマ)

図 2.65 に示す RLC 直列回路の共振周波数の値として，最も近いものを下の番号から選べ．ただし，抵抗Rは 47 $[\Omega]$，コイルLの自己インダクタン

スは 50〔μH〕およびコンデンサ C の静電容量は 40〔pF〕とする.

1. 1.82〔MHz〕
2. 3.56〔MHz〕
3. 7.05〔MHz〕
4. 14.2〔MHz〕

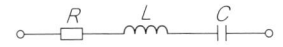

図 2.65

【解説】
　直列共振回路の共振周波数は，抵抗によって変化しないので，抵抗値は計算に関係ありません.

　自己インダクタンス $L = 50$〔μH〕$= 50 \times 10^{-6}$〔H〕，静電容量 $C = 40$〔pF〕$= 40 \times 10^{-12}$〔F〕とすると，共振周波数 f_r は次式で表されます.

$$f_r = \frac{1}{2\pi\sqrt{LC}} \text{〔Hz〕}$$

$$= \frac{1}{2\pi} \times \frac{1}{\sqrt{50 \times 10^{-6} \times 40 \times 10^{-12}}}$$

↑ $1/(2\pi) ≒ 0.16$ の値を覚えておくと計算が楽になる.

$$≒ 0.16 \times \frac{1}{\sqrt{2{,}000 \times 10^{-6-12}}}$$

$$= 0.16 \times \frac{1}{\sqrt{20 \times 10^{-16}}}$$

$$= 0.16 \times \frac{1}{\sqrt{2}} \times \frac{1}{\sqrt{10}} \times \frac{1}{10^{-8}}$$

↑ $\sqrt{}$ は指数の $\frac{1}{2}$ 乗として計算することができる.

$$= 0.16 \times \frac{1}{1.41} \times \frac{1}{3.16} \times 10^8$$

↑ $\sqrt{2}$ と $\sqrt{10}$ の値は覚えておく.

$$≒ 3.6 \times 10^6 \text{〔Hz〕} = 3.6 \text{〔MHz〕}$$

↑ 途中の計算で約しているので，答えの値と差がでる.

【解答】　2

第2章 電気回路

> **共振周波数の計算**
>
> インダクタンス L〔μH〕，静電容量 C〔pF〕の単位を用いたときに，共振周波数を f_r〔MHz〕で求める場合は，計算を簡単に行うことができます．
>
> $$f_r \fallingdotseq \frac{160}{\sqrt{LC}} \ \text{〔MHz〕} \quad \cdots\cdots(2\text{-}43)$$
>
> 問題 26 と同じ値で f_r を求めると，
>
> $$f_r = \frac{160}{\sqrt{50 \times 40}} = \frac{160}{\sqrt{20} \times 10}$$
>
> $$= \frac{16}{\sqrt{2} \times \sqrt{10}} \fallingdotseq \frac{16}{1.41 \times 3.16} \fallingdotseq 3.6 \ \text{〔MHz〕}$$

問題 27 (2アマ)

図 2.66 に示す RLC 並列回路の共振周波数 f が 14.25〔MHz〕のとき，コンデンサ C の静電容量の値として，最も近いものを下の番号から選べ．ただし，抵抗 R は 47〔kΩ〕，コイル L の自己インダクタンスは 2.84〔μH〕とする．

1. 2.2〔pF〕
2. 44〔pF〕
3. 185〔pF〕
4. 276〔pF〕

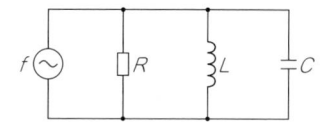

図 2.66

【解説】

L〔μH〕，C〔pF〕の単位を用いたときの共振周波数 f_r〔MHz〕は，

$$f_r \fallingdotseq \frac{160}{\sqrt{LC}} \ \text{〔MHz〕}$$

両辺を 2 乗すると，

$$f_r^2 = \frac{(160)^2}{LC}$$

よって，

16. 共振回路

$$C = \frac{(160)^2}{f_r^2 L} = \frac{25{,}600}{(14.25)^2 \times 2.84}$$

$$\fallingdotseq \frac{25{,}600}{203 \times 2.84} \fallingdotseq 44\,[\mathrm{pF}]$$

【解答】　2

問題 28 (2アマ)

図 2.67 に示す回路のリアクタンスの周波数特性を表す図として，正しいものを下の番号から選べ．

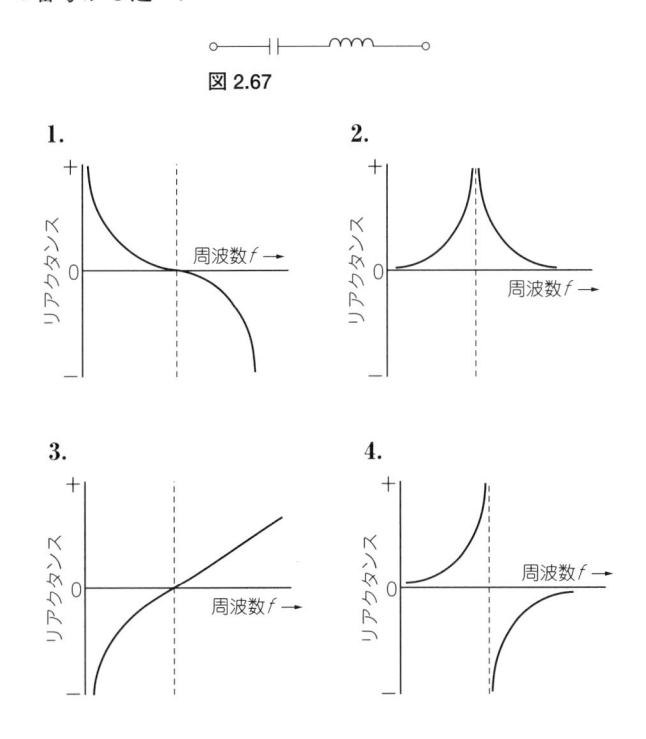

図 2.67

【解説】

図 2.67 の直列共振回路の合成リアクタンスは，次式で表されます．

$$jX = j\left(\omega L - \frac{1}{\omega C}\right)\,[\Omega]$$

$$= j\left(2\pi fL - \frac{1}{2\pi fC}\right) [\Omega]$$

ここで，電源の周波数 f を変化させるとコイルのリアクタンス ωL は図 2.68 のように周波数に比例して大きくなり，コンデンサのリアクタンス $\frac{1}{\omega C}$ は周波数に反比例して小さくなります．

それらの大きさが同じときが直列共振となり，共振周波数 f_r よりも周波数が低いときはコンデンサのリアクタンスの方が大きくなるので，回路のリアクタンスは － (容量性) となり，共振周波数よりも周波数が高いときは，回路のリアクタンスは ＋ (誘導性) となります．

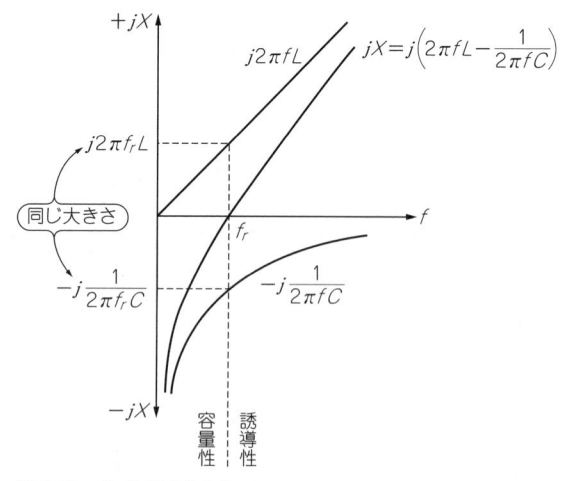

図 2.68　合成リアクタンス

【解答】　3

(3) 共振回路の Q

図 2.69(a) の直列共振回路において，回路が共振するのは，コイルのリアクタンスとコンデンサのリアクタンスの大きさが等しくなったときです．そのとき，それぞれのリアクタンスには大きさが等しくて逆位相の電圧が発生します．

図 2.69(a) の回路が共振時において抵抗に発生する電圧 V_R とリアクタンスに発生する電圧の大きさ V_L または V_C の比を共振回路の Q と呼んで次式

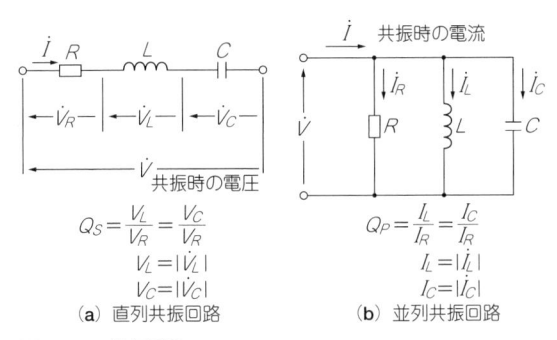

図 2.69　共振回路

(a) 直列共振回路　$Q_S = \dfrac{V_L}{V_R} = \dfrac{V_C}{V_R}$　$V_L = |\dot{V}_L|$　$V_C = |\dot{V}_C|$

(b) 並列共振回路　$Q_P = \dfrac{I_L}{I_R} = \dfrac{I_C}{I_R}$　$I_L = |\dot{I}_L|$　$I_C = |\dot{I}_C|$

で表されます．

↓大きさを計算するときは V に $\cdot$ が付かない．

$$Q_S = \frac{V_L}{V_R} = \frac{I\omega_r L}{IR} = \frac{\omega_r L}{R}$$

$$= \frac{V_C}{V_R} = \frac{1}{IR} \times \frac{I}{\omega_r C} = \frac{1}{\omega_r CR}$$

共振回路の抵抗は，一般には回路の損失として扱われることが多いので，回路の Q が大きいほど損失が少なくて良好な共振回路を表します．

図 2.69 (b) のような並列共振回路では，共振回路の Q は共振時に抵抗を流れる電流の大きさ I_R とリアクタンスを流れる電流の大きさ I_L または I_C の比で表されます．

$$Q_P = \frac{I_L}{I_R} = \frac{\dfrac{V}{\omega_r L}}{\dfrac{V}{R}} = \frac{R}{\omega_r L} \qquad \cdots\cdots (2\text{-}44)$$

$$= \frac{I_C}{I_R} = \frac{\omega_r CV}{\dfrac{V}{R}} = \omega_r CR \qquad \cdots\cdots (2\text{-}45)$$

問題 29 (1 アマ)

図 2.70 に示す RLC 並列回路の共振周波数が 3.5 〔MHz〕のとき，回路の Q

の値として，最も近いものを下の番号から選べ．ただし，抵抗 R は 4.7〔kΩ〕およびコイル L の自己インダクタンスは 42〔μH〕とする．

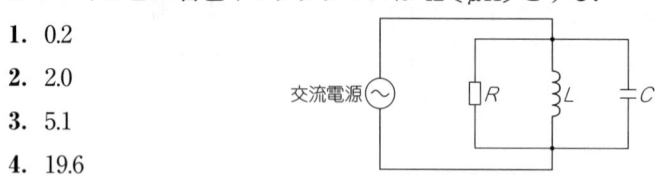

1. 0.2
2. 2.0
3. 5.1
4. 19.6
5. 32.0

図 2.70

【解説】

共振周波数を f_r とすると，並列共振回路の Q は次式で表されます．

$$Q_P = \frac{R}{\omega_r L} = \frac{R}{2\pi f_r L}$$

$$= \frac{4.7 \times 10^3}{2 \times 3.14 \times 3.5 \times 10^6 \times 42 \times 10^{-6}}$$

$$= \frac{4.7}{2 \times 3.14 \times 3.5 \times 42} \times 10^3$$

$$≒ \frac{4.7}{923} \times 10^3 = \frac{4,700}{923} ≒ 5.1$$

【解答】 3

17．変成器結合回路

一次側と二次側の相互インダクタンス回路によって，交流電圧，交流電流，インピーダンスを変換する回路を変成器（トランス）といいます．図 2.71 の回路において，一次側と二次側それぞれのコイルの巻線数を n_1, n_2，電圧を V_1, V_2，電流を I_1, I_2 とすると，次式の関係が成り立ちます．

$$\frac{V_1}{V_2} = \frac{n_1}{n_2} \qquad \cdots\cdots(2\text{-}46)$$

$$\frac{I_1}{I_2} = \frac{n_2}{n_1} \qquad \cdots\cdots(2\text{-}47)$$

二次側にインピーダンス（抵抗）を接続したとき，一次側から見たインピーダンス Z_1 は次式で表されます．

17. 変成器結合回路

↓ V_1, I_1 に，(2-46)式と(2-47)式を代入する．

$$Z_1 = \frac{V_1}{I_1} = \frac{n_1}{n_2} V_2 \times \frac{n_1}{n_2} \times \frac{1}{I_2}$$

$$= \left(\frac{n_1}{n_2}\right)^2 \frac{V_2}{I_2} = \left(\frac{n_1}{n_2}\right)^2 Z_2 \,[\Omega] \qquad \cdots\cdots (2\text{-}48)$$

図 2.71　変成器

問題 30 (2アマ)

図 2.72 に示すように，一次側および二次側の巻線数がそれぞれ n_1 および n_2 で，巻線比 $\frac{n_1}{n_2} = 9$ の無損失の変成器(理想変成器)の2次側に 50 [Ω] の抵抗を接続したとき，端子 ab から見たインピーダンスの値として，最も近いものを下の番号から選べ．

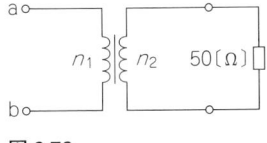

1. 450 [Ω]　　2. 960 [Ω]
3. 4.1 [kΩ]　　4. 9.6 [kΩ]
5. 22.5 [kΩ]

図 2.72

【解説】

一次側のインピーダンス Z_1 は，

$$Z_1 = \left(\frac{n_1}{n_2}\right)^2 Z_2 = 9^2 \times 50 = 81 \times 50$$

$$= 4{,}050\,[\Omega] \fallingdotseq 4.1\,[\text{k}\Omega]$$

【解答】　3

トランス結合

入力側と出力側のトランスの巻数比が，1対 n のとき，出力電圧は入力電圧の n 倍となり，出力電流は入力電流の $\frac{1}{n}$ となります．また，出力側のインピーダンスは，入力に接続されたインピーダンスの n^2 倍となります．

第2章 電気回路

18. 交流の電力

　直流回路で学習しましたが，電力は単位時間あたりの仕事量(エネルギー)を表し，電圧と電流の積で表されます．

　交流では時間とともに電圧と電流が変化するので，単位時間あたりの量を求めるためには，電圧と電流の瞬時値(瞬間の値)の積で表される瞬時電力を求めてから，瞬時電力の平均値を求めます．それが交流回路の電力を表します．

(1) 抵抗の電力

　図 **2.73** のような電圧および電流の最大値が V_m, I_m の正弦波交流電圧および電流の瞬時値 v, i は，次式で表されます．

$$v = V_m \sin \omega t \qquad \cdots\cdots (2\text{-}49)$$
$$i = I_m \sin \omega t \qquad \cdots\cdots (2\text{-}50)$$

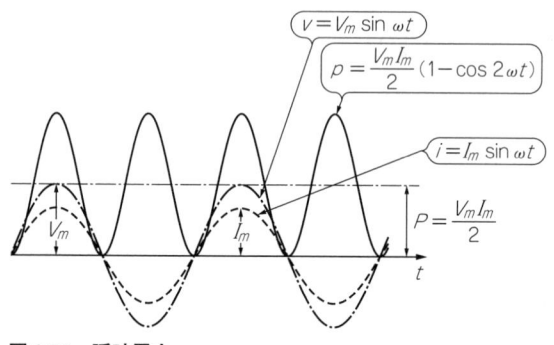

図 2.73　瞬時電力

　瞬時電力 p はこれらの積で表されるので，次式で表されます．

$$p = vi = V_m I_m \sin \omega t \times \sin \omega t$$

三角関数の公式，

$$\sin A \times \sin A = \frac{1}{2} \times (1 - \cos 2A)$$

を用いて式を変形すると，

102

$$p = V_m I_m \times \frac{1}{2} \times (1 - \cos 2\omega t)$$

電力 P は瞬時電力 p の平均値で表されるので，図 2.73 より次式で表されます．

$$P = \frac{V_m I_m}{2} = \frac{V_m}{\sqrt{2}} \times \frac{I_m}{\sqrt{2}} = VI \,〔\text{W}〕 \qquad \cdots\cdots(2\text{-}51)$$

ここで，V, I は実効値を表します．

(2) リアクタンスの電力

図 2.74 のように，コイルの電圧はコイルを流れる電流より 90°位相が進んでいるので，電圧および電流の瞬時値 v, i は，次式で表されます．

$$v = V_m \cos \omega t \qquad \cdots\cdots(2\text{-}52)$$
$$i = I_m \sin \omega t \qquad \cdots\cdots(2\text{-}53)$$

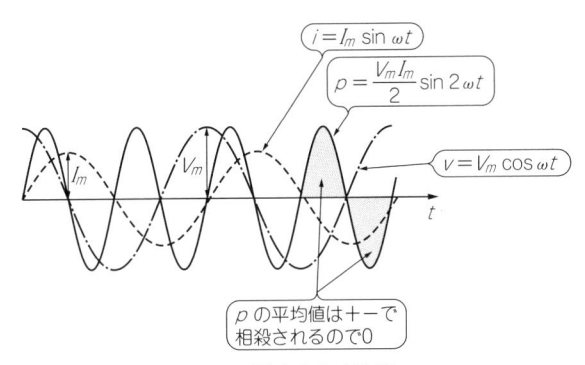

図 2.74　リアクタンスの電力を表す波形

瞬時電力 p は，

$$p = vi = V_m I_m \cos \omega t \times \sin \omega t$$

三角関数の公式，

$$\cos A \times \sin A = \frac{1}{2} \times \sin 2A$$

を用いて式を変形すると，

$$p = V_m I_m \times \frac{1}{2} \times \sin 2\omega t \qquad \cdots\cdots(2\text{-}54)$$

第2章 電気回路

となって，瞬時電力の平均値をとると0になるので電力 $P = 0$ となり，コイルやコンデンサのリアクタンスでは，電力は消費されません．

(3) インピーダンスの電力

図 2.75 のインピーダンス回路において，抵抗で消費される電力 P を有効電力と呼び，次式で表されます．

$$P = V_R I = RI^2 \text{〔W〕} \qquad \cdots\cdots(2\text{-}55)$$

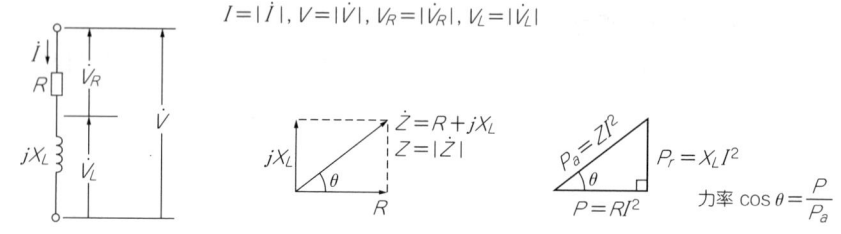

$I=|\dot{I}|, V=|\dot{V}|, V_R=|\dot{V}_R|, V_L=|\dot{V}_L|$

図 2.75 インピーダンス回路

リアクタンスでは，電力は消費されるわけではありませんが，次式のように電圧と電流の積を求めることができます．これを無効電力 P_r〔var：バール〕といいます．

$$P_r = V_L I = X_L I^2 \text{〔var〕} \qquad \cdots\cdots(2\text{-}56)$$

抵抗とコイルやコンデンサで構成されたインピーダンスの電圧と電流の積を皮相電力 P_a〔VA：ボルト・アンペア〕といい，次式で表されます．

$$P_a = VI = ZI^2 \text{〔VA〕} \qquad \cdots\cdots(2\text{-}57)$$

また，これらの電力の間には図 2.75 に示すような関係があります．ここで皮相電力と有効電力の比を力率と呼び，次式で表されます．

$$\cos\theta = \frac{P}{P_a} \qquad \cdots\cdots(2\text{-}58)$$

問題 31（1アマ）

図 2.76 に示す RC 直列回路において，抵抗 R で消費される電力の値として，最も近いものを下の番号から選べ．

1. 15〔W〕
2. 20〔W〕
3. 30〔W〕
4. 50〔W〕
5. 80〔W〕

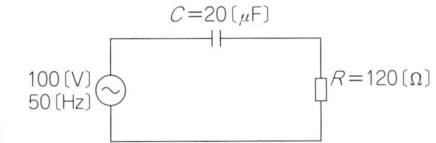

図 2.76

【解説】
コンデンサの値をリアクタンスに変換しなければなりません．リアクタンスの大きさ X_C は，次式で表されます．

$$X_C = \frac{1}{\omega C} = \frac{1}{2\pi f C}$$

$$= \frac{1}{2\pi} \times \frac{1}{50 \times 20 \times 10^{-6}}$$

↓ $1/(2\pi) \fallingdotseq 0.16$ の値を覚えておくと計算が楽になる．

$$\fallingdotseq 0.16 \times \frac{1}{1{,}000 \times 10^{-6}}$$

$$= 0.16 \times \frac{1}{10^{-3}}$$

$$= 0.16 \times 10^3 = 160〔\Omega〕$$

インピーダンスの大きさ Z は，次式で表されます．

$$Z = \sqrt{R^2 + X_C^2} = \sqrt{120^2 + 160^2}$$
$$= \sqrt{(40 \times 3)^2 + (40 \times 4)^2}$$
$$= 40 \times \sqrt{3^2 + 4^2} = 40 \times 5 = 200〔\Omega〕$$

↑ 3, 4, 5 を覚えておくと計算が楽になる．

回路を流れる電流の大きさ I は，電源電圧を V とすると，

$$I = \frac{V}{Z} = \frac{100}{200} = 0.5〔A〕$$

よって，抵抗で消費される電力 P は，

$$P = RI^2 = 120 \times 0.5^2$$
$$= 120 \times 0.5 \times 0.5 = 30〔W〕$$

【解答】　3

第 2 章　電気回路

第3章　半導体および電子回路

1. 半導体

　図3.1に示すように，p形半導体とn形半導体をnpnに接合した素子，あるいはpnpに接合した素子をトランジスタといいます．それぞれの電極がダイオードの接続と同じような動作をするので，図3.1のnpnトランジスタでは，エミッタとベース間にはベースにプラスの電圧を加えると電流が流れますが，逆方向の電圧を加えると電流は流れません．

　コレクタとエミッタ間には，コレクタにプラスの電圧を加えるとコレクタとベース間が逆方向電圧となるので電流は流れません．このとき，エミッタとベース間に電流を流すとエミッタとコレクタ間に電流が流れ，その電流の大きさはベースとエミッタ間の電流よりも大きな電流が流れます．

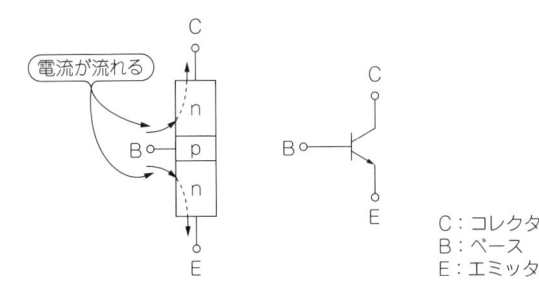

図3.1　トランジスタの構造

C：コレクタ
B：ベース
E：エミッタ

　図3.2のように接続して，ベースとエミッタ間の電流 I_B をわずかに $\mathit{\Delta} I_B$ 変化させたときに，コレクタとエミッタ間に流れる電流 I_C の変化を $\mathit{\Delta} I_C$ とすると，電流増幅率 β は，次式で表されます．

第3章 半導体および電子回路

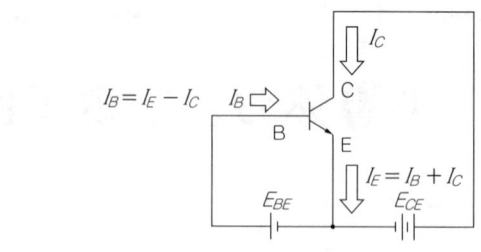

図3.2 エミッタ接地増幅回路

> 「β」はギリシャ文字でベータと読む．

$$\beta = \frac{\Delta I_C}{\Delta I_B} \qquad \cdots\cdots (3\text{-}1)$$

このとき，ΔI_B に対して ΔI_C は大きく（100倍程度）変化するので，トランジスタは増幅作用があります．また，β をエミッタ接地電流増幅率といいます．接地とは入力側と出力側の端子を共通に接続することです．

図3.3のようにベースを接地して，エミッタを入力としたベース接地電流増幅率 α は，次式で表されます．

> 「α」はギリシャ文字でアルファと読む．

$$\alpha = \frac{\Delta I_C}{\Delta I_E} \qquad \cdots\cdots (3\text{-}2)$$

α と β の関係を求めると，

$$\beta = \frac{\Delta I_C}{\Delta I_B} = \frac{\Delta I_C}{\Delta I_E - \Delta I_C}$$

> 分母と分子を ΔI_E で割る．

$$= \frac{\dfrac{\Delta I_C}{\Delta I_E}}{\dfrac{\Delta I_E}{\Delta I_E} - \dfrac{\Delta I_C}{\Delta I_E}} = \frac{\alpha}{1 - \alpha} \qquad \cdots\cdots (3\text{-}3)$$

図3.3 ベース接地増幅回路

α は1に近い値ですが，1よりも（0.01程度）小さい値です．たとえば，α を0.99として β を求めると，

$$\beta = \frac{\alpha}{1-\alpha} = \frac{0.99}{1-0.99} = \frac{0.99}{0.01} = 99$$

β は99となって大きな値になります．

1. 半導体

問題1 (2アマ)

トランジスタのエミッタ接地増幅率 β とベース接地増幅率 α との関係を表す式として，正しいものを下の番号から選べ．

1. $\beta = \dfrac{\alpha}{1-\alpha}$ 2. $\beta = \dfrac{1}{1-\alpha}$

3. $\beta = \dfrac{\alpha-1}{\alpha}$ 4. $\beta = \dfrac{1-\alpha}{\alpha}$

5. $\beta = \dfrac{\alpha}{\alpha-1}$

【解答】　1

問題2 (2アマ)

トランジスタのベース接地増幅率 α とエミッタ接地増幅率 β との関係を表す式として，正しいものを下の番号から選べ．

1. $\alpha = \dfrac{1}{1+\beta}$ 2. $\alpha = \dfrac{\beta}{1+\beta}$

3. $\alpha = \dfrac{1+\beta}{\beta}$ 4. $\alpha = \dfrac{\beta}{1-\beta}$

5. $\alpha = \dfrac{1}{1-\beta}$

【解説】

図3.3の回路において，

$$\alpha = \frac{\varDelta I_C}{\varDelta I_E} = \frac{\varDelta I_C}{\varDelta I_B + \varDelta I_C}$$

↓ 分母と分子を $\varDelta I_B$ で割る．

$$= \frac{\dfrac{\varDelta I_C}{\varDelta I_B}}{\dfrac{\varDelta I_B}{\varDelta I_B} + \dfrac{\varDelta I_C}{\varDelta I_B}} = \frac{\beta}{1+\beta}$$

【解答】　2

第3章 半導体および電子回路

> **値を代入して答を見つける**
>
> α と β の一般的な値として，α は 1 よりもわずかに小さな値で α = 0.99 くらいです．β は 1 よりもかなり大きな値で β = 99 くらいです．
>
> また，これらの値はマイナスにならないと覚えておけば，問題の選択肢の式に α あるいは β を代入して答えを見つけることもできます．

2. トランジスタ増幅回路

　三つの電極を持つトランジスタを増幅回路として使用するときは，入力側と出力側でどれか一つの電極を共通に使用しなければなりません．どの電極を共通の接地端子とするかによって，エミッタ接地増幅回路，ベース接地増幅回路，コレクタ接地増幅回路に分けられます．
　国家試験の計算問題では，エミッタ接地増幅回路が出題されています．

(1) バイアス回路

　トランジスタは，図記号のベースからエミッタに付いている矢印の方向にしか電流を流すことができません．トランジスタで正負に変化する交流信号の全周期を増幅するときは，入力信号電圧に交流信号の最大電圧よりも大きな直流電圧を加えて入力電圧とします．このような動作を A 級動作といい，このとき加える電圧をバイアス電圧といいます．**図 3.4** のエミッタ接地増幅回路では，バイアス電圧を供給する電源と出力側の電源をそれぞれ別に用います．実際には，出力側の電源から入力バイアス電圧も同時に供給するバイ

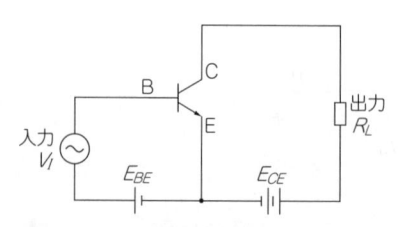

図 3.4　エミッタ接地増幅回路

アス回路が用いられます．バイアス回路には，固定バイアス回路，自己バイアス回路，電流帰還バイアス回路があります．

問題3 (2アマ)

図 3.5 に示す固定バイアス回路において，電源電圧 E_{CC} が 6 [V] のとき，ベース電流 I_B を 100 [μA] とするためのバイアス抵抗 R_B の値として，正しいものを下の番号から選べ．ただし，ベースとエミッタ間の電圧 V_{BE} は 0.6 [V] とする．

1. 54 [kΩ]
2. 60 [kΩ]
3. 66 [kΩ]
4. 90 [kΩ]

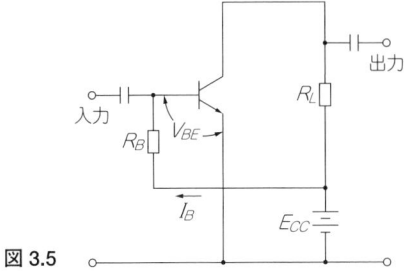

図 3.5

【解説】

トランジスタのベースからコレクタに電流は流れないので，ベース電流はエミッタに流れます．このとき，入力側の等価回路は **図 3.6** のようになります．トランジスタに電流を流して動作させているときは，ベースとエミッタ間の電圧 V_{BE} は約 0.6 [V] となります．**図 3.6** の等価回路では，トランジスタのベース抵抗 r_B がベース電流の値によって変化して常に V_{BE} が 0.6 [V] になる抵抗値をとります．

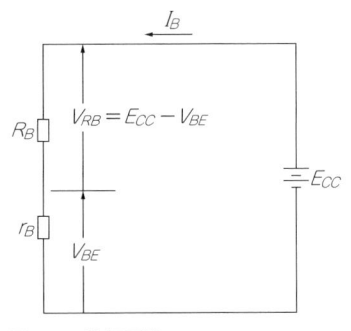

図 3.6　等価回路

R_B に加わる電圧を V_{RB} とすると,

$V_{RB} = E_{CC} - V_{BE} = 6 - 0.6 = 5.4$ 〔V〕

よって, R_B は,

$$R_B = \frac{V_{RB}}{I_B} = \frac{5.4}{100 \times 10^{-6}}$$

$$= 5.4 \times 10^4 \text{〔Ω〕}$$

$$= 5.4 \times 10 \times 10^3 \text{〔Ω〕} = 54 \text{〔kΩ〕}$$

【解答】 1

問題 4 (2アマ)

図 3.7 に示す回路において, ベース電流 I_B の値として, 正しいものを下の番号から選べ. ただし, ベースとエミッタ間の電圧は無視できるものとする.

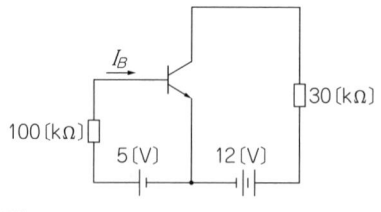

図 3.7

1. 20 〔μA〕   2. 30 〔μA〕
3. 40 〔μA〕   4. 50 〔μA〕

【解説】

問題3とほとんど同じ問題です. ただし, この問題では, ベースとエミッタ間の電圧 V_{BE} は無視できるものとなっているので, ベース側の等価回路は図 3.8 のようになります.

ベース電流 I_B は,

$$I_B = \frac{E_{BE}}{R_B} = \frac{5}{100 \times 10^3} = \frac{5}{10^5}$$

$$= 5 \times 10^{-5} \text{〔A〕}$$

$$= 5 \times 10 \times 10^{-6} \text{〔A〕} = 50 \text{〔μA〕}$$

【解答】 4

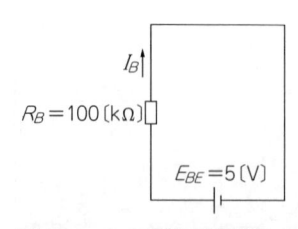

図 3.8 ベース側の等価回路

問題5(1アマ)

図3.9に示す回路の電流増幅率 β を40としたとき，コレクタ電流 I_C の値として，正しいものを下の番号から選べ．ただし，ベースとエミッタ間の電圧は無視できるものとする．

1. 2〔mA〕
2. 8〔mA〕
3. 10〔mA〕
4. 12〔mA〕
5. 20〔mA〕

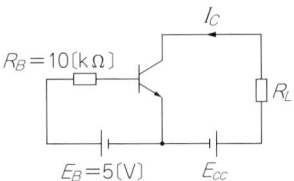

図3.9

【解説】

まず，ベース電流 I_B〔A〕を求めてから，電流増幅率 β を用いてコレクタ電流 I_C〔A〕を求めます．問題の条件より，ベースとエミッタ間の電圧は無視できるので，ベース電流 I_B は，ベースに接続されている抵抗を R_B〔Ω〕，バイアス電圧を E_B〔V〕とすると，

$$I_B = \frac{E_B}{R_B} = \frac{5}{10 \times 10^3} = \frac{5}{10^4}$$
$$= 5 \times 10^{-4} \text{〔A〕}$$

コレクタ電流 I_C は，

$$I_C = \beta I_B = 40 \times 5 \times 10^{-4}$$
$$= 200 \times 10^{-4} \text{〔A〕} = 20 \times 10^{-3} \text{〔A〕} = 20 \text{〔mA〕}$$

【解答】 5

(2) h パラメータ

問題3の図3.5において，入力信号電圧は入力側に接続されたコンデンサを通して増幅回路に加わり，出力電圧は出力側に接続されたコンデンサを通して取り出されます．これらのコンデンサによって直流成分を取り除いて交流信号のみ取り出すことができます．

トランジスタを増幅回路として動作させるときは，交流信号で取り扱った等価回路で表されます．入力信号電圧を v_1，出力信号電圧を v_2 とすると，エミッタ接地増幅回路は図3.10の等価回路で表すことができ，次式が成り立ちます．

第3章 半導体および電子回路

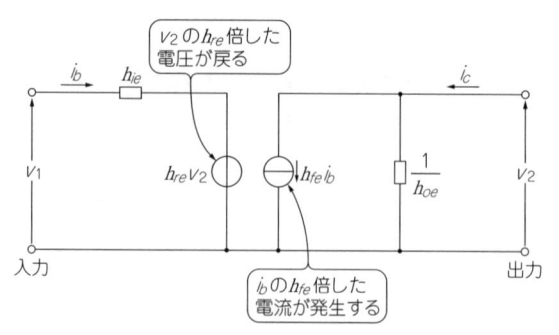

図 3.10 エミッタ接地増幅回路の等価回路

$$v_1 = h_{ie}i_b + h_{re}v_2 \quad \cdots\cdots (3\text{-}4)$$

$$i_c = h_{fe}i_b + h_{oe}v_2 \quad \cdots\cdots (3\text{-}5)$$

ただし，i_b：ベース電流

i_c：コレクタ電流

ここで，h で表される定数を h パラメータといい，次式で表されます．

入力インピーダンス：$h_{ie} = \dfrac{v_1}{i_b}$〔Ω〕（出力短絡，$v_2 = 0$）

電圧帰還率：$h_{re} = \dfrac{v_1}{v_2}$　（入力開放，$i_b = 0$）

電流増幅率：$h_{fe} = \dfrac{i_c}{i_b}$　（出力短絡，$v_2 = 0$）

出力アドミタンス：$h_{oe} = \dfrac{i_c}{v_2}$〔S〕（入力開放，$i_b = 0$）

問題6（1アマ）

図 **3.11** は，トランジスタのエミッタ接地増幅回路を簡略化した h 定数による等価回路で示したものである．入力インピーダンス h_{ie} を 2〔kΩ〕，電流利得 h_{fe} を 60（真数）および負荷抵抗 R_L を 6〔kΩ〕としたとき，電力利得（真数）の値として，正しいものを下の番号から選べ．

1. 360
2. 720
3. 10,800
4. 21,600
5. 32,400

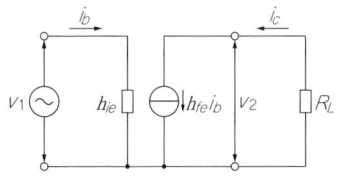

図 3.11

v_1：入力電圧
v_2：出力電圧
i_b：ベース電流
i_c：コレクタ電流

【解説】

問題で与えられている回路は $h_{re}v_2$ と $h_{oe}v_2$ の影響が小さいものとして無視した等価回路です．電力利得を求める問題ですが，電流利得（増幅率）と入出力インピーダンス（抵抗）の値が与えられているので，電流と抵抗の値から電力を求めることができます．

入力電力 P_i および出力電力 P_o は，次式で表されます．

$P_i = i_b{}^2 h_{ie}$

$P_o = i_c{}^2 R_L$

よって，電力利得 A_P は，

$$A_P = \frac{P_o}{P_i}$$

$$= \frac{i_c{}^2 R_L}{i_b{}^2 h_{ie}} = \frac{i_c{}^2}{i_b{}^2} \times \frac{R_L}{h_{ie}}$$

$$= h_{fe}{}^2 \times \frac{R_L}{h_{ie}} = 60^2 \times \frac{6 \times 10^3}{2 \times 10^3}$$

$$= 3,600 \times 3 = 10,800$$

ただし，

$$h_{fe} = \frac{i_c}{i_b}$$

【解答】 3

問題 7（1アマ）

図 3.12 に示す増幅回路の交流に対する負荷の値として，正しいものを下の番号から選べ．

第3章　半導体および電子回路

1. 1.0〔kΩ〕
2. 1.5〔kΩ〕
3. 3.0〔kΩ〕
4. 4.5〔kΩ〕
5. 6.0〔kΩ〕

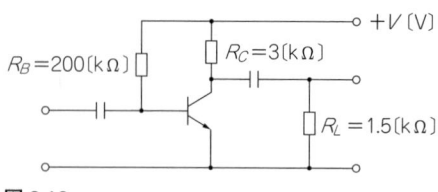

図 3.12

【解説】

交流の周波数を f〔Hz〕とすると，静電容量 C〔F〕のコンデンサのリアクタンスの大きさ X_C〔Ω〕は次式で表され，

$$X_C = \frac{1}{\omega C} = \frac{1}{2\pi f C} \;〔\Omega〕$$

リアクタンスの値は周波数に反比例して小さくなります．

直流では，コンデンサは無限大の抵抗値を持ちますが，図 3.12 のように増幅回路に使用する場合は，増幅する交流の周波数に対するリアクタンスの値がコレクタに接続された抵抗などに比較して，十分に小さくなるように大きな静電容量を選びます．

また，直流電源も交流では十分に小さいリアクタンスの値を持つので，コレクタ側の交流に対する等価回路は，図 3.13 のように表せます．

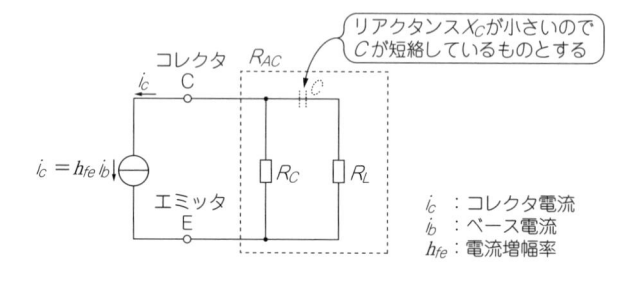

図 3.13
コレクタ側の交流に
対する等価回路

i_c：コレクタ電流
i_b：ベース電流
h_{fe}：電流増幅率

コレクタ抵抗を R_C〔kΩ〕，負荷抵抗を R_L〔kΩ〕とすると，交流に対する負荷の値 R_{AC}〔kΩ〕は，R_C と R_L の並列合成抵抗で表されるので，

$$R_{AC} = \frac{R_C \times R_L}{R_C + R_L} = \frac{3 \times 1.5}{3 + 1.5} = \frac{4.5}{4.5} = 1 \;〔k\Omega〕$$

両方の抵抗の単位が〔kΩ〕のときは，〔kΩ〕のままで計算することができる

【解答】　1

3. FET 増幅回路

接合形 FET はドレイン (D), ソース (S) 間に n 形または p 形のどちらかの半導体を用いて, 電流の流れるチャネルを構成し, チャネルがゲート (G) に加えられた逆方向電圧で変化することを利用してドレイン・ソース間に流れる電流を制御する半導体素子です.

(1) バイアス回路

図 3.14 に, n チャネル接合形 FET を用いたソース接地増幅回路を示します. 図 3.14(a) の回路においてバイアス電圧 E_{GS} を大きくするとドレイン電流は減少します.

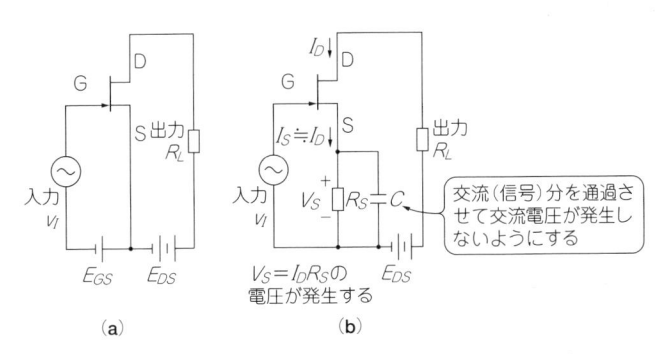

図 3.14　n チャネル接合形 FET を用いたソース接地増幅回路

図 3.14(a) の回路は, バイアス電圧を供給する電源と出力側の電源をそれぞれ別に用いています. 実際の回路では図 3.14(b) の回路のようにソースと接地間に抵抗を挿入することによって, 直流電流によって発生する電圧降下からバイアス電圧を得ることができる自己バイアス回路を用いています.

(2) 相互コンダクタンス

図 3.15(b) に, 入力信号電圧と出力信号電圧の交流で動作させたときの FET 増幅回路の等価回路を示します. ゲート電圧を v_{gs} [V] とすると, そのとき流れるドレイン電流 i_d [A] は, 次式で表されます.

第3章　半導体および電子回路

図3.15　FET増幅回路と等価回路

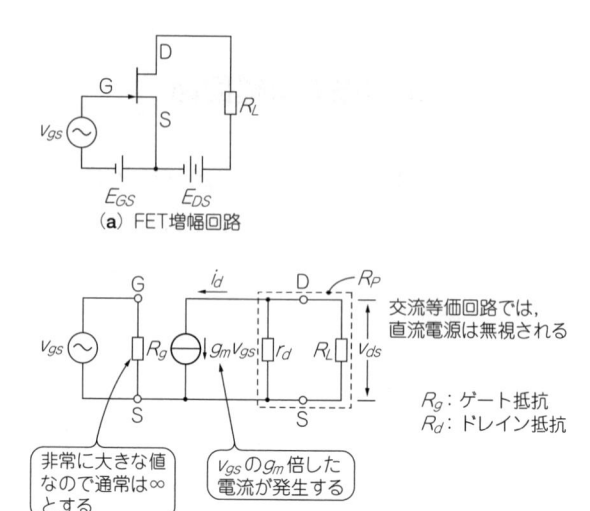

(a) FET増幅回路

(b) 等価回路

R_g：ゲート抵抗
R_d：ドレイン抵抗

注記：交流等価回路では、直流電源は無視される

R_gについて：非常に大きな値なので通常は∞とする

$g_m v_{gs}$について：v_{gs}のg_m倍した電流が発生する

$$i_d = g_m v_{gs} \,\mathrm{[A]} \qquad \cdots\cdots(3\text{-}6)$$

このとき，g_m〔S〕を相互コンダクタンスといいます．相互コンダクタンスは，入力電圧を変化させたときの出力電流の変化を表します．また，電圧増幅度の大きさA_Vは，次式で表されます．

$$A_V = \frac{v_{ds}}{v_{gs}} = \frac{i_d R_P}{v_{gs}} = g_m R_P \qquad \cdots\cdots(3\text{-}7)$$

ただし，$R_P = \dfrac{r_d R_L}{r_d + R_L}$

　　　r_d：ドレイン抵抗

　　　R_L：負荷抵抗

また，並列回路なので，

$$\frac{1}{R_P} = \frac{1}{r_d} + \frac{1}{R_L}$$

↓ r_dはR_Lに比較して極めて大きい．

ここで，$r_d \gg R_L$の場合は，

$$\frac{1}{r_d} \ll \frac{1}{R_L}$$

となるので,

$$\frac{1}{R_P} \fallingdotseq \frac{1}{R_L}$$

したがって, $r_d \gg R_L$ の条件では,

$$A_V = g_m R_L \qquad \cdots\cdots (3\text{-}8)$$

トランジスタとFET

どちらも増幅回路に用いられます．増幅回路の出力と入力の比を増幅度といいますが，増幅度を求めるときにトランジスタは電流増幅率をFETでは相互コンダクタンスを用います．

トランジスタは，入力電流が変化すると出力電流が変化する電流制御素子なので，出力電流と入力電流の比で表される電流増幅率を増幅度の計算に用います．電流を電流で割り算しているので，電流増幅率に単位はつきません．

FETは入力電圧が変化すると出力電流が変化する電圧制御素子なので，出力電流と入力電圧の比で表される相互コンダクタンスを増幅度の計算に用います．このとき，電流を電圧で割り算しているので特性はコンダクタンスで表され，単位は〔S：ジーメンス〕を用います．

問題8 (2アマ)

図 3.16 に示す電界効果トランジスタ(FET)を用いた増幅回路において，ドレイン電流(直流)I_D が 1.2〔mA〕で，自己バイアス電圧 E_S が 0.6〔V〕，相互コンダクタンス g_m が 3.0〔mS〕とする．負荷抵抗 R_L が 8〔kΩ〕のとき，電圧増幅度の大きさの値 A_V と，バイアス抵抗 R_S の値の正しい組み合わせを下の番号から選べ．ただし，ドレイン抵抗 R_D は $R_D \gg R_L$ とし，コンデンサ C_S のインピーダンスは入力信号に対して十分小さな値とする．

	A_V	R_S
1.	16	400〔Ω〕
2.	20	400〔Ω〕
3.	24	500〔Ω〕
4.	30	500〔Ω〕

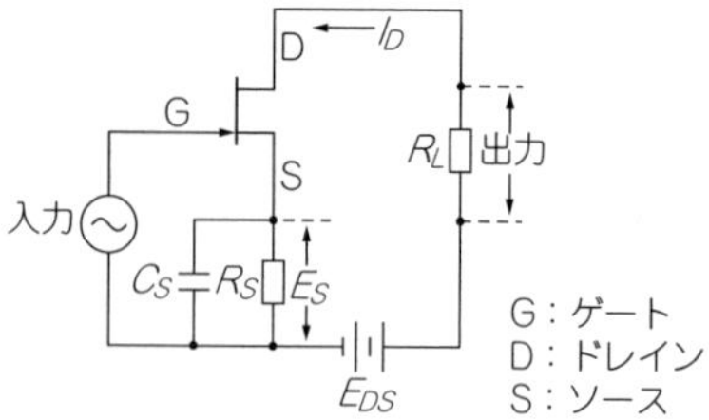

図 3.16

【解説】

ドレイン電流 I_D と自己バイアス電圧 E_S からバイアス抵抗 R_S を求めると，

$$R_S = \frac{E_s}{I_D} = \frac{0.6}{1.2 \times 10^{-3}}$$

↓ 小数点を指数の数だけ右に動かす．

$$= \frac{0.6}{1.2} \times 10^3 = \frac{600}{1.2} = 500 〔Ω〕$$

↓ R_D は R_L に比較して極めて大きい．

$R_D \gg R_L$ の条件より，電圧増幅度 A_V を求めると，

$$A_V = g_m R_L = 3 \times 10^{-3} \times 8 \times 10^3 = 24$$

【解答】　3

同じような問題ですが，1アマの問題ではいくぶんか回路が複雑になっています．

問題9 (1アマ)

図 3.17 に示す電界効果トランジスタ (FET) 増幅器の等価回路において，相互コンダクタンス g_m が 8〔mS〕，ドレイン抵抗 r_d が 20〔kΩ〕，負荷抵抗 R_L が 5〔kΩ〕のとき，電圧増幅度の大きさの値として，正しいものを下の番号から選べ．ただし，ゲート抵抗は十分大きい値とし，コンデンサ C_1 および C_2 のリアクタンスは，増幅する周波数において十分小さいものとする．

1. 8
2. 12
3. 16
4. 32
5. 40

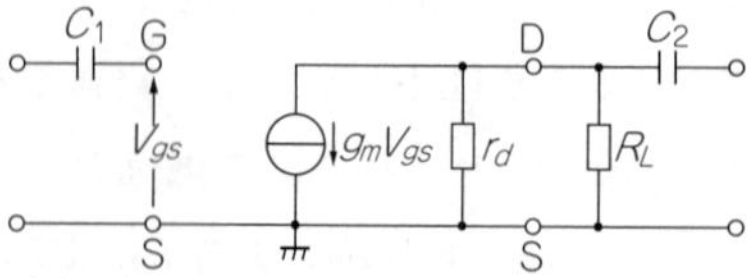

図 3.17

【解説】

コンデンサのリアクタンスが小さいという条件から,信号の周波数の交流で表した等価回路では,コンデンサは短絡しているもの($0\,[\Omega]$)と考えることができます.

ドレイン電流 i_d は,次式で表されます.

$$i_d = g_m v_{gs}$$

r_d と R_L の並列合成抵抗 R_P は,次式で表されます.

$$R_P = \frac{r_d R_L}{r_d + R_L}$$

$$= \frac{20 \times 5}{20 + 5} = \frac{100}{25} = 4\,[\mathrm{k}\Omega]$$

↑ すべての抵抗の単位が同じ [kΩ] のときは,[kΩ] のままで計算することができる.

ドレイン電流を i_d とすると出力電圧 v_{ds} は,次式で表されます.

$$v_{ds} = i_d R_P = g_m v_{gs} R_P$$

よって,電圧増幅度 A_V は,

$$A_V = \frac{v_{ds}}{v_{gs}} = g_m R_P$$

$$= 8 \times 10^{-3} \times 4 \times 10^3 = 32$$

また,i_d は電流源だから,出力電圧 v_{ds} をミルマンの定理を用いて表すと次式で表されます.

$$v_{ds} = \frac{i_d}{\dfrac{1}{r_d} + \dfrac{1}{R_L}}$$

【解答】　4

4. 負帰還増幅回路

出力の一部を逆位相で入力に戻すことを負帰還といいます.図3.18(a)は電圧帰還(並列帰還直列注入)増幅回路で,出力インピーダンスは低く,入力インピーダンスは高くなります.図3.18(b)は電流帰還(直列帰還直列注入)増幅回路で,出力インピーダンスは高く,入力インピーダンスも高くなります.

第 3 章　半導体および電子回路

(a) 並列(電圧)帰還直列注入形　　(b) 直列(電流)帰還直列注入形

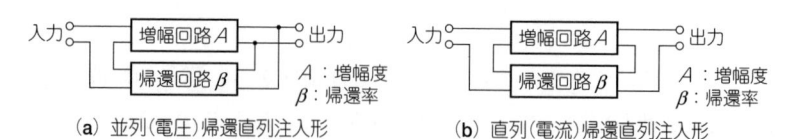

図 3.18　負帰還増幅回路の種類

負帰還増幅回路の特徴

1) 増幅度が下がる．
2) 周波数特性が改善される．
3) 増幅回路で発生するひずみや雑音が減少する．
4) 電源電圧の変動などに対して動作が安定である．
5) 入出力インピーダンスを変化させることができる．

図 3.19 の負帰還増幅器において，増幅器の増幅度を A とし，帰還回路の帰還率を β とすると，

$$A = \frac{v_O}{v_A} \qquad \cdots\cdots (3\text{-}9)$$

$$\beta = \frac{v_\beta}{v_O} \qquad \cdots\cdots (3\text{-}10)$$

帰還回路の位相が図 3.19 の向きで表されるときに，入力電圧 v_I は次式で表されます．

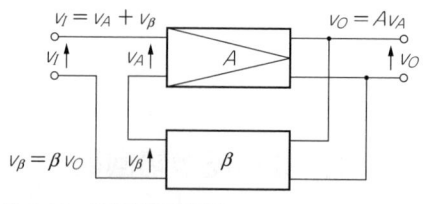

図 3.19　負帰還増幅回路

(3-10)式を代入する．

$$v_I = v_A + v_\beta = v_A + \beta v_O = v_A \left(1 + \frac{\beta v_O}{v_A} \right)$$

4. 負帰還増幅回路

(3-9)式を代入すると，

$$v_I = v_A(1 + A\beta) \qquad \cdots\cdots(3\text{-}11)$$

これらの式を用いて，負帰還回路全体の増幅度 A_F を求めると，

↓ (3-9)式を代入する．

$$A_F = \frac{v_O}{v_I} = \frac{v_O}{v_A(1 + A\beta)} = \frac{A}{1 + A\beta} \qquad \cdots\cdots(3\text{-}12)$$

↑ (3-11)式を代入する．

問題10 (1アマ)

図 3.20 に示す負帰還増幅回路において，負帰還をかけないときの電圧増幅度 A を 100（真数）および帰還回路の帰還率 β を 0.2 としたとき，負帰還をかけたときの増幅度の値として，最も近いものを下の番号から選べ．

1. 0.2
2. 4.8
3. 8.6
4. 12.0
5. 80.0

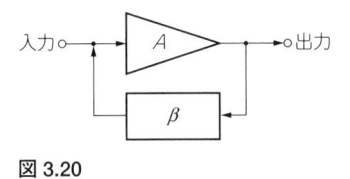

図 3.20

【解説】

負帰還回路全体の増幅度 A_F は，入力電圧を v_I，出力電圧を v_O，増幅器単体の入力電圧を v_A，増幅度を A とすると，次式で表されます．

$$v_O = A v_A = 100 v_A$$

負帰還回路全体の増幅度 A_F は，帰還率を β とすると，

$$A_F = \frac{v_O}{v_I} = \frac{v_O}{v_A + \beta v_O} = \frac{100 v_A}{v_A + 0.2 \times 100 v_A}$$
$$= \frac{100 v_A}{v_A(1 + 0.2 \times 100)} = \frac{100}{1 + 20} \fallingdotseq 4.8$$

【解答】 2

問題11 (1アマ)

図 3.21 に示す回路において，抵抗 R_L，R_f をそれぞれ 9〔kΩ〕，および 3〔kΩ〕としたときの帰還率の値として，最も近いものを下の番号から選べ．

1. 0.25
2. 0.33
3. 0.75
4. 2.13
5. 3.02

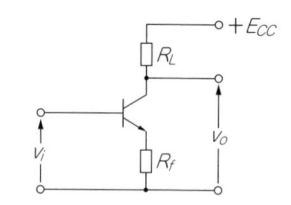

図 3.21

【解説】

ベース電流 i_B は，コレクタ電流 i_C に比べて小さいので，エミッタを流れる電流 i_E はコレクタ電流 i_C とほぼ等しいとすると，出力電圧 v_O は次式で表されます．

$$v_O = R_L i_C \quad \cdots\cdots(3\text{-}13)$$

トランジスタのエミッタ・ベース間に加わる入力電圧 v_A は，

$$v_A = v_i - v_f = v_i - R_f i_C$$

で表されます．ここで，

$$v_f = R_f i_C \quad \cdots\cdots(3\text{-}14)$$

はエミッタ抵抗 R_f に発生する帰還電圧だから，帰還率 β は，次式で求めることができます．

↓(3-13)式, (3-14)式を代入する.

$$\beta = \frac{v_f}{v_O} = \frac{R_f i_C}{R_L i_C} = \frac{R_f}{R_L} = \frac{3}{9} \fallingdotseq 0.33$$

【解答】 2

5. OPアンプ増幅回路

OPアンプ（オペアンプ）は差動増幅回路で構成された IC です．直流から高周波までの広い範囲で増幅回路として用いられます．

図 3.22 に回路図記号を示します．入力の＋－出力との位相を示しています．＋は同位相，－は逆位相です．図 3.22(a) は入出力の位相が逆位相となって増幅する反転増幅回路，図 3.22(b) は入出力の位相が同位相で増幅す

5. OP アンプ増幅回路

(a) 反転増幅回路　　(b) 非反転増幅回路

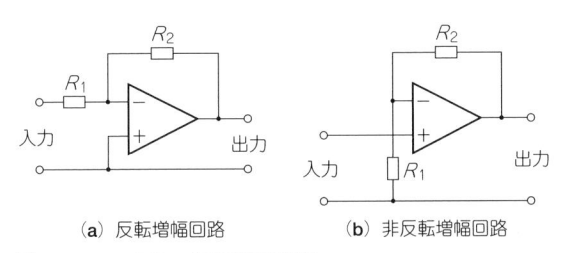

図 3.22　OP アンプの回路図記号

る非反転増幅回路です．

　理想的な OP アンプは，増幅度(開ループ利得)と入力インピーダンスは無限大，出力インピーダンスは 0，入力の＋－端子間の電位差は 0(イマジナリ・ショート：仮想短絡)の値を持ちます．

　理想的な OP アンプの条件から，等価回路は**図 3.23** のようになります．イマジナリ・ショートの条件より，ab 間の電位差が 0 だとすると，入力電圧 v_1 は，

$$v_1 = R_1 i_S$$

出力電圧 v_2 は，

$$v_2 = R_2 i_S$$

v_2 と v_1 の比から反転増幅回路の電圧増幅度 A_V を求めると，

$$A_V = \frac{v_2}{v_1} = \frac{R_2}{R_1} \qquad \cdots\cdots(3\text{-}15)$$

また，非反転増幅回路の電圧増幅度 A_V は，次式で表されます．

$$A_V = 1 + \frac{R_2}{R_1} \qquad \cdots\cdots(3\text{-}16)$$

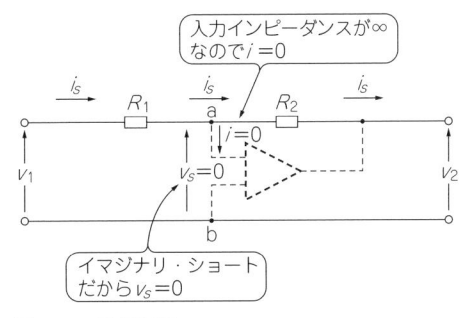

図 3.23　等価回路

125

6. デシベル

　増幅回路やアンテナの利得などの電圧比や電力比はデシベルで表されます．デシベルは大きな桁を持つ数字を表すときに便利な表し方です．同じような表し方に累乗があります．たとえば，電力増幅度 G が 20,000 倍を表すときに累乗を使うと，

　　　$G = 2 \times 10^4$

で表すことができます．デシベルでは，

　　　$G_{dB} \fallingdotseq 43 \,[\text{dB}]$
　　　　　↑ 10 の桁が 10,000 を表し，1 の桁が 2 を表す．

と表されます．

　電力増幅度 G（真数という）をデシベル G_{dB} で表すには，次式を用います．

　　　$G_{dB} = 10 \log_{10} G \,[\text{dB}]$　　　　　　　　　　……(3-17)

　電圧増幅度 A_V をデシベル A_{dB} で表すと，

　　　$A_{dB} = 20 \log_{10} A_V \,[\text{dB}]$　　　　　　　　　　……(3-18)

　ここで，$\log_{10}$（または単に $\log$）は常用対数です．$x = 10^y$ の関係があるとき，次式で表されます．

　　　$y = \log_{10} x$

　たとえば，

y	x
0	1
1	10
2	100
-1	0.1
-3	0.001

の値を持ちます．

　また，次の公式があります．

　　　$\log_{10}(ab) = \log_{10} a + \log_{10} b$

　　　$\log_{10} \dfrac{a}{b} = \log_{10} a - \log_{10} b$

　　　$\log_{10} a^b = b \log_{10} a$

よく使われる数値を次に示します．

$\log_{10} 10 = 1$

$\log_{10} 100 = \log_{10} 10^2 = 2$

$\log_{10} 2 \fallingdotseq 0.301$

$\log_{10} 3 \fallingdotseq 0.4771$

$\log_{10} 4 = \log_{10}(2 \times 2)$

$\qquad\quad = \log_{10} 2 + \log_{10} 2 \fallingdotseq 0.6$

ここで，$10^{0.301} \fallingdotseq 2$ などの指数が小数のときの計算は，通常の代数計算では計算できませんが，展開式によって解を求めることができます．

問題 12 (1アマ)

図 3.24 に示す演算増幅器(OP アンプ)を使用した反転形電圧増幅回路の電圧増幅度の値として，最も近いものを下の番号から選べ．

1. 13 [dB]
2. 16 [dB]
3. 20 [dB]
4. 23 [dB]
5. 26 [dB]

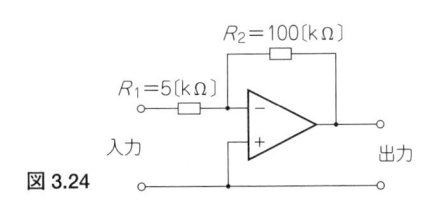

図 3.24

【解説】

電圧増幅度 A_V(真数)は，次式で表されます．

$$A_V = \frac{R_2}{R_1} = \frac{100}{5} = 20$$

↑両方の抵抗の単位が〔kΩ〕のときは，〔kΩ〕のままで計算することができる．

これをデシベルで表すと，

$$A_{dB} = 20\log_{10} A_V = 20\log_{10} 20$$

↓真数の掛け算は，デシベルの足し算．

$$= 20\log_{10}(2 \times 10) = 20\log_{10} 2 + 20\log_{10} 10$$

$$\fallingdotseq 6 + 20 = 26 \text{〔dB〕}$$

↑電圧比の 2 倍は 6〔dB〕，10 倍は 20〔dB〕．

【解答】　5

問題 13 (1 アマ)

図 3.25 に示す演算増幅器(OP アンプ)を使用した反転形電圧増幅回路の電圧利得が 40〔dB〕のとき，帰還回路の抵抗 R_2 の値として，正しいものを下の番号から選べ．

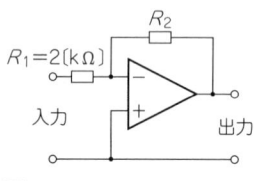

1. 20〔kΩ〕
2. 50〔kΩ〕
3. 80〔kΩ〕
4. 100〔kΩ〕
5. 200〔kΩ〕

図 3.25

【解説】

電圧増幅度 A_V(真数)をデシベル A_{dB} で表すと，次式で表されます．

$$A_{dB} = 20\log_{10} A_V \text{〔dB〕}$$

数値を代入すると，

$$40 = 20\log_{10} A_V$$

$$2 = \log_{10} A_V$$

したがって，

$$A_V = 10^2 = 100$$

また，入力側の抵抗を R_1〔kΩ〕とすると，電圧増幅度 A_V(真数)は次式で

表されます.

$$A_V = \frac{R_2}{R_1}$$

数値を代入して,R_2〔kΩ〕の値を求めると,

$$R_2 = A_V R_1$$
$$= 100 \times 2 = 200 〔kΩ〕$$

【解答】　5

デシベル

国家試験で出題されるデシベルの値は,いくつかしかないので,それらの値を覚えておけばよいでしょう.その際,ログの値を覚えるよりも〔dB〕の値を覚えた方が計算が楽です.

また,〔dB〕から真数に直せるように学習してください.ただし,電力と電圧(電流)によって値が違うことに注意してください.また,

　　真数の掛け算はデシベルの和
　　真数の割り算はデシベルの差

で計算することができます.

表 3.1　国家試験に出るデシベルの値

電力比	デシベル
2	3dB
3	4.77dB
4	6dB
10	10dB
100	20dB

電圧比	デシベル
2	6dB
3	9.54dB
4	12dB
10	20dB
100	40dB

問題 14(1アマ)

利得が 26〔dB〕の増幅器において,入力の電力が 100〔mW〕であるとき,この増幅器の出力の電力の値として,最も近いものを下の番号から選べ.

1. 2〔W〕　　2. 2.6〔W〕　　3. 10〔W〕
4. 40〔W〕　　5. 68〔W〕

【解説】

電力のデシベルは電圧と計算式が異なるので，注意してください．

この問題では，デシベルから直接，真数に直してみます．電力利得 26 〔dB〕は，

　　20〔dB〕＋ 3〔dB〕＋ 3〔dB〕＝ 26〔dB〕

これを真数で計算すると，

　　100 × 2 × 2 ＝ 400

入力電力を P_i，出力電力を P_o とすると電力利得 G は，次式で表されます．

$$G = \frac{P_o}{P_i}$$

よって，

　　$P_o = GP_i$

　　　　$= 400 \times 100 \times 10^{-3} = 40$〔W〕

【解答】　4

問題15 (1アマ)

利得が 19〔dB〕の増幅器において，入力電力が 50〔mW〕であるとき，この増幅器の出力電力の値として，最も近いものを下の番号から選べ．

1. 2.5〔W〕　　2. 4.0〔W〕　　3. 5.0〔W〕
4. 7.8〔W〕　　5. 9.5〔W〕

【解説】

同じような問題ですが，数値が異なるので計算してみましょう．19〔dB〕を約 20〔dB〕として計算すると，100 倍ですから 5〔W〕になりますが，それでは誤った選択肢を選んでしまいます．

電力利得 19〔dB〕をより正確に求めるには，

　　10〔dB〕＋ 3〔dB〕＋ 3〔dB〕＋ 3〔dB〕＝ 19〔dB〕

これを真数で計算すると，

　　10 × 2 × 2 × 2 ＝ 80

入力電力を P_i，電力利得を G とすると出力電力 P_o は，

　　$P_o = GP_i = 80 \times 50 \times 10^{-3}$

　　　　$= 4{,}000 \times 10^{-3} = 4$〔W〕

【解答】 2

問題 16 (1アマ)

図 3.26 に示す増幅器において，増幅器の入力抵抗 R_i が 1 [kΩ]，負荷抵抗 R_L が 50 [Ω] および増幅器の電圧利得 $\dfrac{V_o}{V_i}$ の値が 20 [dB] のときの増幅器の電力利得の値として，正しいものを下の番号から選べ．

1. 16 [dB]
2. 20 [dB]
3. 33 [dB]
4. 40 [dB]
5. 46 [dB]

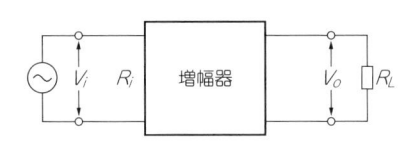

図 3.26

【解説】

入力電圧を V_i，出力電圧を V_o とすると，入力電力 P_i，出力電力 P_o は，次式で表されます．

$$P_i = \frac{V_i^2}{R_i}$$

$$P_o = \frac{V_o^2}{R_L}$$

↑ 電力は，電圧の 2 乗に比例し抵抗に反比例する．

電力利得のデシベル値 G_{dB} は，次式で表されます．

$$G_{dB} = 10 \log_{10} \frac{P_o}{P_i}$$

$$= 10 \log_{10} \left\{ \frac{V_o^2}{R_L} \times \frac{R_i}{V_i^2} \right\}$$

$$= 10 \log_{10} \left\{ \left(\frac{V_o}{V_i}\right)^2 \times \frac{R_i}{R_L} \right\}$$

↓ 電圧の 2 乗に比例するので 20 になる．

$$= 20 \log_{10} \frac{V_o}{V_i} + 10 \log_{10} \frac{R_i}{R_L}$$

↑ 電圧と抵抗では入出力比が逆になる．

$$= A_{dB} + 10 \log_{10} \frac{R_i}{R_L}$$

$$= 20 + 10 \log_{10} \frac{1{,}000}{50}$$

$$= 20 + 10 \log_{10}(2 \times 10)$$

$$≒ 20 + 3 + 10 = 33 \,[\text{dB}]$$

ただし,電圧利得をデシベルで表した値 A_{dB} は,

$$A_{dB} = 20 \log_{10} \frac{V_o}{V_i} = 20 \,[\text{dB}]$$

【解答】 3

7.発振回路

(1) 発振条件

　発振回路の問題は,1・2アマともに LC 発振回路の発振周波数を求める問題が出題されています.

　図 3.27 に帰還回路のみで表した LC 発振回路の原理的な等価回路を示します.発振回路は,出力電圧の一部を同じ位相で入力電圧に戻す(帰還する)ことによって,発振を持続できます.

　エミッタ接地トランジスタ増幅回路は,入力電圧が増加するとベース電流が増加して,それに伴って出力のコレクタ電流が増加します.このとき,コ

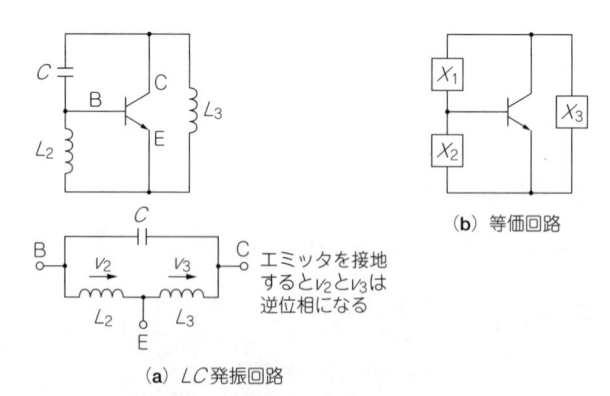

(a) LC 発振回路

(b) 等価回路

図 3.27　LC 発振回路の原理的な等価回路

レクタ・エミッタ間の電圧は減少するので，入出力の交流信号の位相は逆位相となります．したがって，出力電圧の一部を同じ位相で入力に帰すためには，位相を逆位相にしなければなりません．

図 3.27 (b) のように，リアクタンス X_2 と X_3 〔Ω〕に同じ種類のコイルを用いれば，エミッタを挟んでベースとコレクタは逆位相になるので，帰還回路を構成できます．また，共振回路の共振周波数で発振を持続するので，残りのリアクタンス X_1 〔Ω〕は，これらと異なったリアクタンス（静電容量）のときに共振回路を構成します．このとき，発振周波数 f 〔Hz〕は次式で表されます．

$$f = \frac{1}{2\pi\sqrt{LC}} \text{〔Hz〕} \qquad \cdots\cdots(3\text{-}19)$$

ここで，L 〔H〕は L_2 と L_3 〔H〕が結合していないときは，$L = L_2 + L_3$ 〔H〕で表されます．また，発振が持続する回路の条件は，次式で表されます．

$$\frac{h_{fe}X_3}{X_2} \geq 1 \qquad \cdots\cdots(3\text{-}20)$$

$$X_2 + X_3 = -X_1$$

ただし，h_{fe}：トランジスタの電流増幅率

問題 17 (1 アマ)

図 3.28 は，変成器を使わない 3 端子接続形のトランジスタ発振回路の原理的構成を示したものである．この回路が発振するときのリアクタンス X_1，X_2 および X_3 の特性の正しい組み合わせを下の番号から選べ．

	X_1	X_2	X_3
1.	容量性	誘導性	誘導性
2.	容量性	誘導性	容量性
3.	誘導性	誘導性	容量性
4.	誘導性	容量性	誘導性

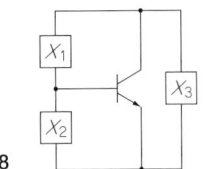

図 3.28

【解説】
まず，X_2 と X_3 は同符号のリアクタンスであることから選択肢を絞ります．この問題では，選択肢は 1 しかありませんが，二つ以上の選択肢がある場合は，X_2 あるいは X_3 と X_1 は異符号であることから解答を探します．

【解答】　1

(2) ハートレー発振回路

図 3.29 にハートレー発振回路を示します．コイル L_1 と L_2 〔H〕は相互インダクタンスを M〔H〕として結合されているものとします．このとき，発振周波数 f〔Hz〕は，次式で表されます．

$$f = \frac{1}{2\pi\sqrt{L_0 C}} \text{〔Hz〕} \quad \cdots\cdots(3\text{-}21)$$

ただし，$L_0 = L_1 + L_2 + 2M$〔H〕

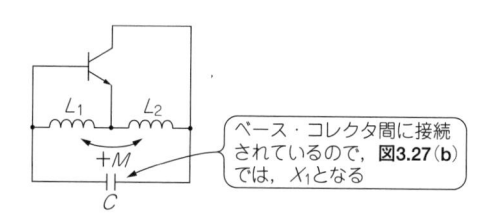

図 3.29　ハートレー発振回路

(3) コルピッツ発振回路

図 3.30 にコルピッツ発振回路を示します．C_1 と C_2 は直列接続されているので，発振周波数 f〔Hz〕は次式で表されます．

$$f = \frac{1}{2\pi\sqrt{LC_0}} \text{〔Hz〕} \quad \cdots\cdots(3\text{-}22)$$

ただし，$C_0 = \dfrac{C_1 C_2}{C_1 + C_2}$

図 3.30　コルピッツ発振回路

問題 18 (2アマ)

図 3.31 に示すコルピッツ発振回路の原理図における発振周波数の値として，最も近いものを下の番号から選べ．ただし，コンデンサ C_1 および C_2 の静電容量はそれぞれ 0.002〔μF〕，コイル L のインダクタンスは 1〔mH〕とする．

1. 50〔kHz〕
2. 80〔kHz〕
3. 120〔kHz〕
4. 160〔kHz〕
5. 265〔kHz〕

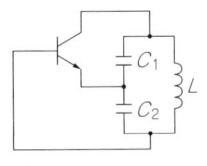

図 3.31

【解説】

コンデンサ C_1 および C_2 の合成静電容量を C_0 とすると，これらのコンデンサは直列接続だから，次式で表されます．

$$C_0 = \frac{C_1 C_2}{C_1 + C_2} \underset{\uparrow 問題の条件から, C_2 = C_1}{=} \frac{C_1 C_1}{C_1 + C_1} = \frac{C_1}{2} = 0.001 \,〔\mu F〕$$

$$= 0.001 \times 10^{-6}〔F〕= 1 \times 10^{-3} \times 10^{-6}〔F〕$$

$$= 1 \times 10^{-9}〔F〕$$

発振周波数 f〔Hz〕は，次式で表されます．

$$f = \frac{1}{2\pi\sqrt{LC_0}} = \frac{1}{2\pi} \times \frac{1}{\sqrt{1 \times 10^{-3} \times 1 \times 10^{-9}}}$$

$$= \frac{1}{2\pi} \times \frac{1}{(1 \times 10^{-12})^{1/2}} \fallingdotseq 0.16 \times \frac{1}{10^{-6}}$$

$$= 0.16 \times 10^6 〔Hz〕= 160 \times 10^3 〔Hz〕$$

$$= 160〔kHz〕$$

【解答】　4

問題 19（1アマ）

図 3.32 に示すハートレー発振回路の原理図において，コンデンサ C の値が 36〔%〕減少したときの発振周波数の変化率として，正しいものを下の番号から選べ．

1. 6〔%〕増加する
2. 18〔%〕増加する
3. 20〔%〕増加する
4. 25〔%〕増加する
5. 36〔%〕増加する

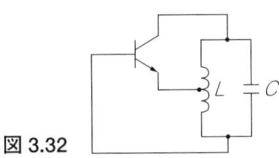

図 3.32

【解説】

コイル L とコンデンサ C で構成された発振回路の発振周波数 f〔Hz〕は，次式で表されます．

$$f = \frac{1}{2\pi\sqrt{LC}} \text{〔Hz〕} \quad \cdots\cdots(3\text{-}23)$$

問題の条件より，C が 36〔％〕減少した値を C_1 とすると，

$$C_1 = (1 - 0.36) \times C$$
$$= 0.64C$$

そのときの周波数を f_1 として，(3-23)式に代入すると，

$$f_1 = \frac{1}{2\pi\sqrt{LC_1}} = \frac{1}{2\pi\sqrt{L \times 0.64C}}$$
$$= \frac{1}{\sqrt{0.8^2}} \times \frac{1}{2\pi\sqrt{LC}} = \frac{1}{0.8}f = 1.25f \text{〔Hz〕}$$

となって，25〔％〕増加する．

【解答】　4

第4章　送信機・受信機

送信機の分野で出題される計算問題は，主に振幅変調送信機に関する問題です．搬送波が振幅変調された振幅変調波(被変調波)の電圧波形，変調度，電力の関係を理解できるように学習してください．

1. 送信機

(1) 振幅変調

振幅変調は，図 4.1 のように搬送波(瞬時値 v_c)で信号波(瞬時値 v_s)の振幅を変化させる変調方式です．図 4.1(c)の振幅変調波 v_{AM} は次式で表されます．

$$v_{AM} = (V_c + V_s \cos pt) \cos \omega t$$
$$= V_c(1 + m \cos pt) \cos \omega t \, [\text{V}] \qquad \cdots\cdots (4\text{-}1)$$

(a) 信号波　$v_s = V_s \cos pt$，$p = 2\pi f_s$

(b) 搬送波　$v_c = V_c \cos \omega t$，$\omega = 2\pi f_c$

(c) 振幅変調波　$v_{AM} = (V_c + V_s \cos pt)\cos \omega t = V_c(1 + m \cos pt)\cos \omega t$，$m = \dfrac{V_s}{V_c}$

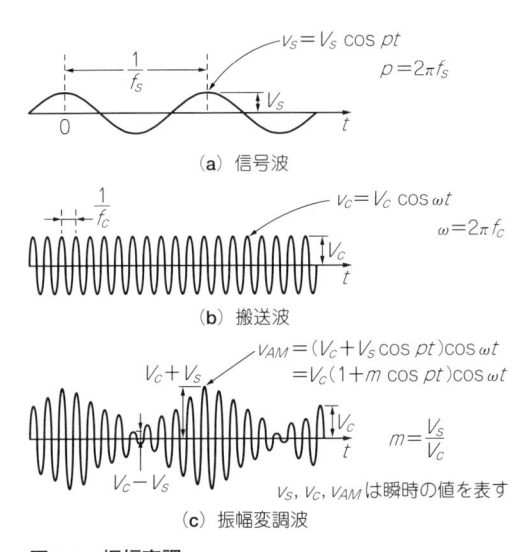

v_s, v_c, v_{AM} は瞬時の値を表す

図 4.1　振幅変調

第4章　送信機・受信機

ただし，$v_c = V_c \cos \omega t$
$v_s = V_s \cos pt \ [\text{V}]$
$\omega = 2\pi f_c \quad f_c$：搬送波の周波数
$p = 2\pi f_s \quad f_s$：信号波の周波数

v_{AM}は，搬送波の高周波電圧v_cの大きさが信号波電圧v_sによって変化する波形を表します．

ここで，変調度mは次式で表されます．

$$m = \frac{V_s}{V_c} \times 100 \ [\%]$$

変調度は，信号波で搬送波がどの程度変化するかを表します．最小は0，最大は100〔％〕です．

問題1（2アマ）

図4.2は，振幅変調（AM）波をオシロスコープで観測したときの波形を示し，変調のないときの搬送波の振幅が12〔V〕であり，変調信号の振幅が6〔V〕である．このときの変調度の値として，正しいものを下の番号から選べ．

1. 25.0〔％〕
2. 33.3〔％〕
3. 50.0〔％〕
4. 66.7〔％〕

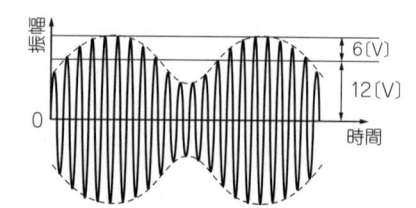

図4.2

【解説】
振幅は＋から－に変化する波形のうち最大値の絶対値（大きさ）を表します．

図4.2の振幅変調波形は，図4.3のように搬送波と変調信号波の振幅に分けて考えると，搬送波の振幅$V_c = 12$〔V〕，変調信号波の振幅$V_s = 6$〔V〕だから変調度mは，次式で表されます．

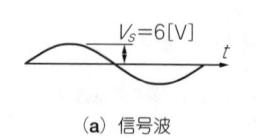

（a）信号波 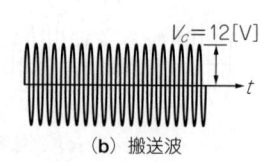　　（b）搬送波

図4.3　信号波と搬送波

$$m = \frac{V_s}{V_c} \times 100 = \frac{6}{12} \times 100 = 50 \,[\%]$$

【解答】 3

(2) 振幅変調の側波

振幅変調された振幅変調波 v_{AM} を表す式は，三角関数の公式を使うと次のようになります．

$$\begin{aligned} v_{AM} &= V_c(1 + m\cos pt)\cos \omega t \\ &= V_c \cos \omega t + mV_c \cos \omega t \cos pt \\ &= V_c \cos \omega t + \frac{mV_c}{2}\{\cos(\omega + p)t + \cos(\omega - p)t\} \,[\text{V}] \quad \cdots\cdots (4\text{-}2) \end{aligned}$$

三角関数の公式

$$\cos A \cos B = \frac{1}{2}\{\cos(A + B) + \cos(A - B)\}$$

$$\sin A \sin B = \frac{1}{2}\{\cos(A - B) - \cos(A + B)\}$$

ここで，$\omega + p$ は $2\pi(f_c + f_s)$ を表すので，周波数が $f_c + f_s$ の cos 波（上側波）を表し，$\omega - p$ は周波数が $f_c - f_s$ の cos 波（下側波）を表します．

つまり，振幅変調された振幅変調波は，三つの cos 波で表されることになります．これを横軸に周波数とって表してみると図 4.4 のようになります．

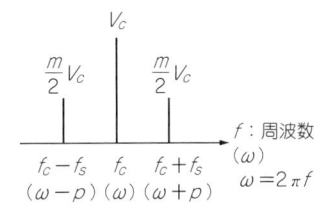

図 4.4　振幅変調の側波

(3) 送信電力

振幅変調波 v_{AM} が抵抗 R に加わっていると考えると，搬送波の電力 P_c は，

搬送波電圧の実効値が $\dfrac{V_c}{\sqrt{2}}$ だから，

$$P_c = \dfrac{1}{R}\left(\dfrac{V_c}{\sqrt{2}}\right)^2 = \dfrac{V_c{}^2}{2R} \text{〔W〕}$$

同じように上側波，下側波の電力 P_u，P_d は，

$$P_u = P_d = \dfrac{1}{R}\left(\dfrac{mV_c}{2\sqrt{2}}\right)^2$$

$$= \dfrac{m^2}{4} \times \dfrac{V_c{}^2}{2R} = \dfrac{m^2}{4} \times P_c \text{〔W〕}$$

↑ P_c に置き換えると．

また，振幅変調波の電力 P_{AM} は，

$$P_{AM} = P_c + P_u + P_d$$

$$= P_c + \dfrac{m^2}{4}P_c + \dfrac{m^2}{4}P_c$$

$$= P_c\left(1 + \dfrac{m^2}{2}\right)\text{〔W〕} \quad\quad\quad\quad \cdots\cdots(4\text{-}3)$$

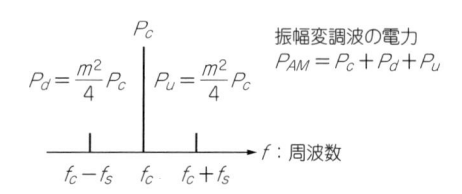

図 4.5　振幅変調波の電力 P_{AM}

問題 2（2アマ）

AM（A3E）送信機において，最大値 40〔V〕の搬送波電圧をある正弦波電圧で振幅変調したとき，振幅変調波電圧の実効値が 30〔V〕であった．このときの振幅変調波の変調率の値として，正しいものを下の番号から選べ．

1. 35.4〔％〕　　2. 41.3〔％〕　　3. 50.0〔％〕
4. 70.7〔％〕　　5. 74.8〔％〕

【解説】

最大値 V_C の搬送波電圧の実効値 V_{CE}〔V〕は，

$$V_{CE} = \frac{V_C}{\sqrt{2}} \text{〔V〕} \quad \cdots\cdots (4\text{-}4)$$

振幅変調波(被変調波)電圧の実効値を V_{AE},送信機の負荷抵抗を R とすると,振幅変調された送信波の平均電力 P_{AM} および搬送波電力 P_C は,

$$P_{AM} = \frac{V_{AE}^2}{R} \text{〔W〕} \quad \cdots\cdots (4\text{-}5)$$

$$P_C = \frac{V_{CE}^2}{R} \text{〔W〕} \quad \cdots\cdots (4\text{-}6)$$

また,変調度(実数比)を m とすると P_{AM} は,

$$P_{AM} = P_C \left(1 + \frac{m^2}{2} \right)$$

(4-5)式,(4-6)式を代入すると,

$$\frac{V_{AE}^2}{R} = \frac{V_{CE}^2}{R} \left(1 + \frac{m^2}{2} \right)$$

整理して,(4-4)式を代入すると,

$$V_{AE}^2 = \left(\frac{V_C}{\sqrt{2}} \right)^2 \times \left(1 + \frac{m^2}{2} \right)$$

$$30^2 = \frac{40^2}{2} \times \left(1 + \frac{m^2}{2} \right)$$

$$3 \times 3 \times 10^2 = \frac{4 \times 4 \times 10^2}{2} \times \left(1 + \frac{m^2}{2} \right)$$

$$9 = 8 \times \left(1 + \frac{m^2}{2} \right)$$

$$= 8 + 4m^2 \quad\quad 4m^2 = 1$$

よって,

$$m^2 = \frac{1}{4} = \frac{1}{2^2}$$

したがって,

$$m = \frac{1}{2} = 0.5 \quad\quad m = 0.5 \times 100 = 50 \text{〔%〕}$$

【解答】 3

第4章 送信機・受信機

問題 3 (2 アマ)

AM（A3E）送信機において，無変調の搬送波電力を 200〔W〕とすると，変調信号入力が単一正弦波で変調度が 60〔％〕のとき，振幅変調された送信波の平均電力の値として，正しいものを下の番号から選べ．

1. 218〔W〕　　2. 230〔W〕　　3. 236〔W〕
4. 260〔W〕　　5. 320〔W〕

【解説】

単一正弦波とは sin や cos で表される正弦波のことです．

搬送波電力を $P_c = 200$〔W〕，変調度（実数比）を $m = 0.6$ とすると，振幅変調された送信波の平均電力 P_{AM} は，次式で表されます．

$$P_{AM} = P_c \left(1 + \frac{m^2}{2}\right)$$

$$= 200 \times \left(1 + \frac{0.6^2}{2}\right) = 200 \times \left(1 + \frac{0.36}{2}\right)$$

$$= 200 \times 1.18 = 236 \text{〔W〕}$$

$P_c = 200$〔W〕

$P_d = 18$〔W〕　$P_u = 18$〔W〕

$P_{AM} = P_c \left(1 + \dfrac{m^2}{4} + \dfrac{m^2}{4}\right)$
$= P_c \left(1 + \dfrac{m^2}{2}\right)$

〔側波の電力〕

$P_d = 200 \times \dfrac{0.6^2}{4} = 18$〔W〕

$P_u = 200 \times \dfrac{0.6^2}{4} = 18$〔W〕

〔全電力〕

$P_{AM} = P_c + P_d + P_u = 236$〔W〕

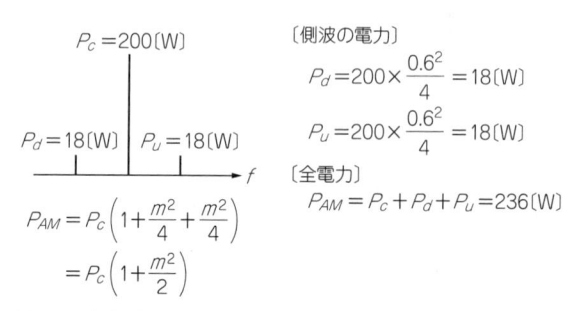

図 4.6　振幅変調波の電力

【解答】　3

問題 4 (1 アマ)

DSB（A3E）送信機において，搬送波を単一の正弦波信号で変調して送信したとき，その送信電波の平均電力は 396〔W〕，搬送波周波数成分の電力が 300〔W〕であった．このときの変調度の値として，正しいものを下の番号から選べ．

1. 24〔%〕　2. 32〔%〕　3. 64〔%〕
4. 76〔%〕　5. 80〔%〕

【解説】

搬送波周波数成分の電力(搬送波電力)を $P_c = 300$〔W〕，送信電波の平均電力を $P_{AM} = 396$〔W〕，変調度(実数比)を m とすると，

$$P_{AM} = P_c \left(1 + \frac{m^2}{2}\right)$$

$$396 = 300 \times \left(1 + \frac{m^2}{2}\right)$$

$$396 \times 2 = 300 \times 2 + 300 \times m^2$$

$$m^2 = \frac{792 - 600}{300} = \frac{192}{300} = 0.64 = 0.8^2$$

↑ m の2乗のまま計算してから，m を求める．

したがって，

$$m = 0.8 \times 100 \text{〔%〕} = 80 \text{〔%〕}$$

【解答】　5

問題5 (1アマ)

AM(A3E)送信機の出力端子において，変調をかけないときの搬送波電圧の振幅(最大値)が80〔V〕であった．単一の正弦波信号で変調をかけたとき，変調度が50〔%〕になったとすると，このときの変調波電圧の実効値として，最も近いものを下の番号から選べ．

1. 40〔V〕　2. 50〔V〕　3. 60〔V〕
4. 70〔V〕　5. 80〔V〕

【解説】

搬送波電力を P_c，振幅変調波電力を P_{AM}，変調度を m (実数比)とすると，

$$P_{AM} = P_c \left(1 + \frac{m^2}{2}\right)$$

搬送波電圧の最大値を V_m とすると，実効値電圧 V_c は，$V_c = \frac{V_m}{\sqrt{2}}$ となります．また，電力と実効値電圧の2乗は比例するので，

第 4 章　送信機・受信機

$$V_{AM}^2 = V_c^2 \left(1 + \frac{m^2}{2}\right)$$

$$= \left(\frac{80}{\sqrt{2}}\right)^2 \times \left(1 + \frac{0.5^2}{2}\right)$$

$$= \frac{6,400}{2} \times 1.125 = 3,600 = 60 \times 60$$

したがって，

$V_{AM} = 60 \,\text{[V]}$

【解答】　3

問題 6 (1アマ)

図 4.7 に示す構成において，入力電力が 25 [W]，電力増幅器の利得が 10 [dB] および整合器の損失が 1 [dB] のとき，出力電力の値として，最も近いものを下の番号から選べ．

1. 120 [W]
2. 200 [W]
3. 225 [W]
4. 249 [W]
5. 275 [W]

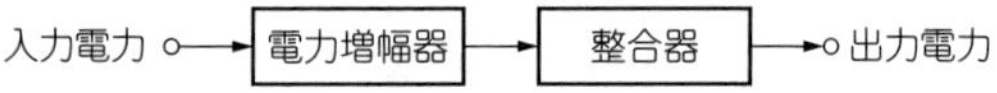

図 4.7

【解説】

増幅器の利得を T_{dB}，整合器の損失を L_{dB} とすると，これらの総合利得 G_{dB} は，

$G_{dB} = T_{dB} - L_{dB} = 10 - 1 = 9 \,\text{[dB]}$

G_{dB} の真数を G とすると，

$G_{dB} = 3 + 3 + 3 \,\text{[dB]}$

　　↓電力比の 3dB は真数で 2 倍になる．

$G \fallingdotseq 2 \times 2 \times 2 = 8$

　　↑デシベルの足し算は真数の掛け算．

入力電力を P_I [W] とすると出力電力 P_O [W] は，

$P_O = GP_I = 8 \times 25 = 200 \,\text{[W]}$

【解答】　2

問題 7（1アマ）

AM電信電話送信機において，電信（A1A）および電話（A3E）の送信尖頭電力が同一のとき，電話（A3E）送信に用いる場合の無変調時の出力電力（搬送波電力）P_A と，電信（A1A）送信に用いる場合の連続信号送信時の出力電力 P_B との比 $\left(\dfrac{P_A}{P_B}\right)$ として，正しいものを下の番号から選べ．

1. $\dfrac{1}{6}$　2. $\dfrac{1}{5}$　3. $\dfrac{1}{4}$　4. $\dfrac{1}{3}$　5. $\dfrac{1}{2}$

【解説】

尖頭電力は，図 4.8 のように変調によって変化する振幅変調波電圧（または電流）の尖頭値より求められる電力です．図 4.8 において，電話の変調度が 100〔％〕のときは，電話の搬送波電圧 V_A は，電信の搬送波電圧 V_B の $\dfrac{1}{2}$ となります．

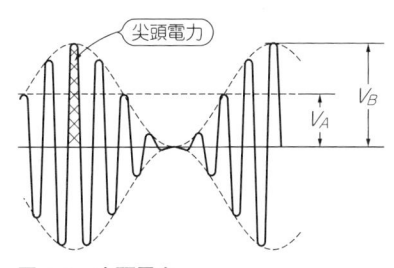

図 4.8　尖頭電力

電信および電話の送信尖頭電力が同じ場合は，電話の無変調時の出力電力 P_A は，図 4.8 の搬送波電圧 $V_A{}^2$ に比例します．同じように，電信の場合の出力電力 P_B は搬送波電圧 $V_B{}^2$ に比例するので，

$$\frac{P_A}{P_B} = \left(\frac{V_A}{V_B}\right)^2 = \left(\frac{1}{2}\right)^2 = \frac{1}{4}$$

【解答】　3

問題 8（1アマ）

無変調時における送信電力（搬送波電力）が 100〔W〕の DSB（A3E）送信機が，特性インピーダンス 50〔Ω〕の同軸ケーブルでアンテナに接続されている．この送信機の変調度を 100〔％〕にしたとき，同軸ケーブルに加わる電

圧の最大値として,正しいものを下の番号から選べ.ただし,同軸ケーブルの両端は整合がとれているものとする.

1. 100〔V〕　　2. 140〔V〕　　3. 200〔V〕　　4. 282〔V〕　　5. 400〔V〕

【解説】

給電線の分野で出題された問題ですが,送信機に関する内容です.給電線とアンテナの整合がとれているので,同軸ケーブルのインピーダンスを送信機の負荷抵抗とみなすことができます.

搬送波電力を P_c,搬送波電圧の実効値を V_e,最大値を V_A,同軸ケーブルの特性インピーダンスを Z_0 とすると,

$$P_c = \frac{V_e^2}{Z_0} = \left(\frac{V_A}{\sqrt{2}}\right)^2 \times \frac{1}{Z_0}$$

$$100 = \frac{V_A^2}{2 \times 50}$$

よって,$V_A = 100$〔V〕

次に,図 4.8 で表したように,100〔%〕変調をかけたときの最大電圧 V_B は,V_A で表される搬送波電圧の 2 倍となるので,

$$V_B = 2V_A = 2 \times 100 = 200 \text{〔V〕}$$

【解答】　3

2. 受信機

(1) スーパ・ヘテロダイン受信機

受信機の分野で出題される計算問題には,スーパ・ヘテロダイン受信機の周波数変換部における周波数の計算と同調回路の共振周波数の計算などがあります.

図 4.9 に A3E スーパ・ヘテロダイン受信機の構成図を示します.各部の動作は以下のとおりです.

① 高周波増幅器:受信電波をその周波数 f_R のまま増幅します.雑音の多い周波数混合器の前で増幅することによって,受信感度を向上(S/N を向上)させることができます.また,副次的に発する電波を抑圧(局部発振器出力からの放射の防止)できます.高周波増幅器の共振回路によって影像周

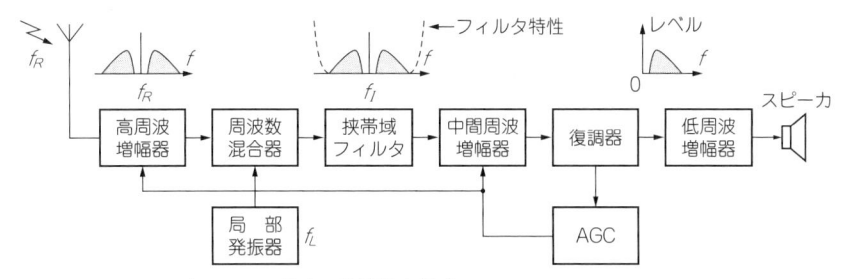

図 4.9　A3E スーパ・ヘテロダイン受信機の構成

波数混信を軽減します．
② 周波数混合器（周波数変換器）：受信電波の周波数 f_R と局部発振器の出力周波数 f_L を混合して中間周波数 f_I に変換します．
③ 局部発振器：受信電波の周波数 f_R と局部発振器の周波数 f_L との差が常に一定な中間周波数 f_I となるような周波数を発振します．
④ 中間周波増幅器：中間周波数 f_I に変換された受信電波を増幅します．中間周波数 f_I は一定の低い周波数なので安定な増幅を行うことができ，利得（感度）を向上させることができます．また，クリスタル・フィルタなどの狭帯域のフィルタを用いることができます．
⑤ 復調器（検波器）：中間周波数に変換された受信電波から信号波を取り出します．変調方式により復調回路が異なります．
⑥ 低周波増幅器：スピーカを動作させるために必要な電力まで信号波を増幅します．
⑦ AGC（自動利得制御）回路：受信する電波の強さが変動しても，受信機の出力信号の大きさを一定にする回路です．AGC 回路は復調器から受信電圧に比例した直流電圧を取り出し，中間周波増幅器および高周波増幅器に直流負帰還をかけます．入力信号が強い場合は増幅度が小さく，入力信号が弱い場合は増幅度が大きくなるように制御します．

SSB 電波は搬送波が抑圧されているので，搬送波の周波数を混合するために復調用発振器（BFO）が必要になります．FM 受信機では，振幅を制限して雑音の影響を低減させる振幅制限器，周波数の偏移を振幅の変化に変換して復調する周波数弁別器などの回路が必要となります．

(2) 影像周波数

スーパ・ヘテロダイン受信機は受信機の性能(感度, 選択度, 忠実度)を向上させるために, 受信した電波を局部発振器の高周波と混合して中間周波数に変換します. このとき, 受信電波の周波数に合わせて局部発振器の周波数を変化させれば, 常に一定の中間周波数にできます.

中間周波数を f_I, 局部発振器の周波数を f_L, 受信電波の周波数を f_R とすると, f_R が f_L より高いときは,

$$f_R - f_L = f_I \qquad \cdots\cdots(4\text{-}7)$$

の周波数の関係があるときに, 中間周波数に変換されます. 図 4.10(a)のような関係があります. このとき,

$$f_L - f_U = f_I \qquad \cdots\cdots(4\text{-}8)$$
$$f_U = f_L - f_I = f_R - 2f_I \qquad \cdots\cdots(4\text{-}9)$$

の周波数 f_U に妨害波があると受信電波と同じように中間周波数に変換されて混信が生じます. この周波数を影像周波数といいます. また, f_L が f_R よりも高いときは,

$$f_L - f_R = f_I \qquad \cdots\cdots(4\text{-}10)$$

の周波数の関係でも中間周波数に変換されます. 図 4.10(b)のような関係に

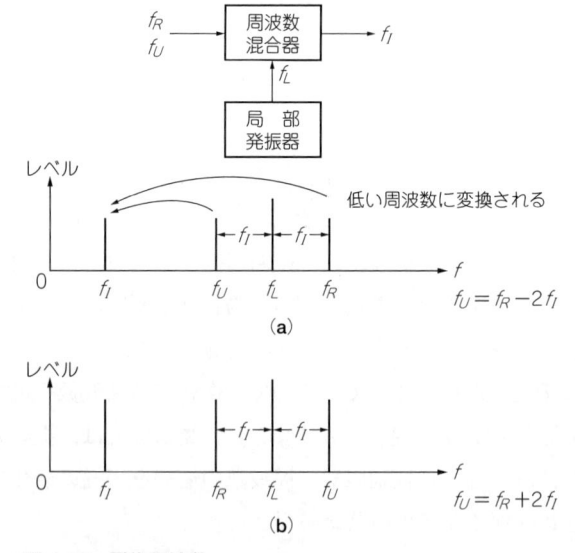

図 4.10 影像周波数

おいて妨害波 f_U は，

$$f_U - f_L = f_I \qquad \cdots\cdots(4\text{-}11)$$
$$f_U = f_L + f_I = f_R + 2f_I \qquad \cdots\cdots(4\text{-}12)$$

問題9 (2アマ)

図 4.11 に示すスーパ・ヘテロダイン受信機の構成例において，受信周波数 f_R が 7.1〔MHz〕のときの影像周波数の値として，正しいものを下の番号から選べ．ただし，中間周波数 f_I は 455〔kHz〕とし，局部発振器の発振周波数 f_L は受信周波数 f_R より高いものとする．

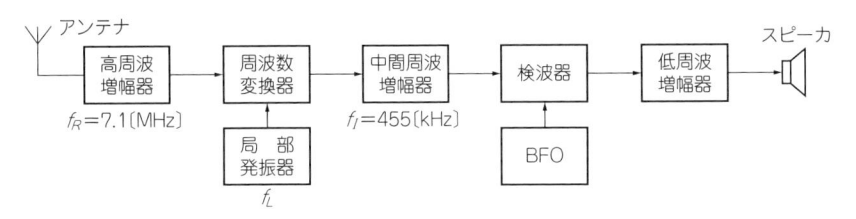

図 4.11

1. 6.190〔MHz〕　2. 6.645〔MHz〕　3. 7.328〔MHz〕
4. 7.555〔MHz〕　5. 8.010〔MHz〕

【解説】

周波数の関係は図 4.10 (b) ようになります．局部発振器の発振周波数 f_L が受信周波数 f_R よりも高いので，

$$f_I = f_L - f_R$$

の関係があります．図 4.10 (b) のように妨害波 f_U は，f_L よりも高い周波数になるので，

$$\begin{aligned} f_U &= f_R + 2f_I \\ &= 7.1 + 2 \times 0.455 \text{〔MHz〕} \\ &= 8.01 \text{〔MHz〕} \end{aligned}$$

試験場で解答するときも図を書いてから計算すると間違いません．

【解答】　5

第4章 送信機・受信機

問題10 (2アマ)

スーパ・ヘテロダイン受信機において，受信周波数144.8〔MHz〕を局部発振周波数f_L〔MHz〕と共に周波数混合器に加えて，中間周波数10.7〔MHz〕を得るとき，f_Lおよび影像周波数f_U〔MHz〕の組み合わせとして，正しいものを下の番号から選べ．

	f_L	f_U
1.	123.4	134.1
2.	134.1	123.4
3.	155.9	166.6
4.	166.2	177.3

【解説】

受信周波数をf_R〔MHz〕，中間周波数をf_I〔MHz〕とします．局部発振周波数f_L〔MHz〕が受信周波数f_Rよりも低い($f_L < f_R$)場合は，図**4.12**(a)の関係となるので，

$$f_L = f_R - f_I$$
$$= 144.8 - 10.7 = 134.1 \text{〔MHz〕} \quad \cdots\cdots(4\text{-}13)$$

影像周波数f_U〔MHz〕は，さらにf_I〔MHz〕低い周波数だから，

$$f_U = f_L - f_I$$
$$= 134.1 - 10.7 = 123.4 \text{〔MHz〕} \quad \cdots\cdots(4\text{-}14)$$

(4-13)式，(4-14)式は選択肢と一致するので，正解です．

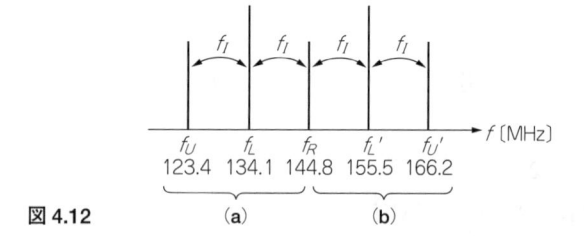

図 **4.12**

次に，局部発振周波数f_L'〔MHz〕が受信周波数よりも高い($f_L' > f_R$)場合の計算をすると，図**4.12**(b)の関係となるので，

$$f_L' = f_R + f_I$$
$$= 144.8 + 10.7 = 155.5 \text{〔MHz〕} \quad \cdots\cdots(4\text{-}15)$$

影像周波数$f_U{}'$〔MHz〕は,さらにf_I〔MHz〕高い周波数だから,

$$f_U{}' = f_L{}' + f_I$$
$$= 155.5 + 10.7 = 166.2 \text{〔MHz〕} \quad \cdots\cdots(4\text{-}16)$$

となり,局部発振周波数$f_L{}'$が受信周波数f_Rよりも高い場合は誤っています.

【解答】 2

(3) 高周波増幅器

高周波増幅器は,受信高周波を増幅することと,影像周波数混信を軽減するために選択度を向上させる機能があります.

高周波増幅器の計算問題は,主に共振周波数を求める問題が出題されています.

問題 11 (1アマ)

図 4.13 に示す高周波増幅部の同調回路において,同調用可変コンデンサ C の最大静電容量が 230〔pF〕,最小静電容量が 30〔pF〕であった.このとき受信できる最高受信周波数を 7.1〔MHz〕とするための同調コイル L_2 のインダクタンスの値として,最も近いものを下の番号から選べ.ただし,同調回路全体の漂遊静電容量は 20〔pF〕とする.また,コイル L_1 の影響は無視するものとする.

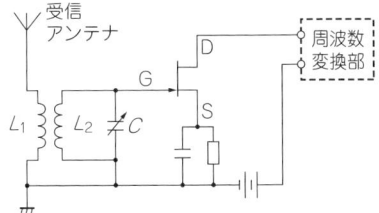

1. 2.5〔μH〕
2. 6.3〔μH〕
3. 10〔μH〕
4. 17〔μH〕
5. 25〔μH〕

図 4.13

【解説】

インダクタンス L〔μH〕,静電容量 C〔pF〕の単位を用いたときに,共振周波数 f_r〔MHz〕は次式で表されます.

$$f_r \fallingdotseq \frac{160}{\sqrt{LC}} \text{〔MHz〕} \quad \cdots\cdots(4\text{-}17)$$

同調用可変コンデンサを調整して受信できる最高周波数は,コンデンサの容量が最小のときです.このときの静電容量を C_m,漂遊静電容量を C_o とす

ると，合成静電容量 C はこれらの容量の並列接続と考えることができるので，

$C = C_m + C_o = 30 + 20 = 50 \,〔\text{pF}〕$

ここで，(4-17)式を変形して，

$$L = \frac{160^2}{Cf_r^2} = \frac{25{,}600}{50 \times 7.1^2}$$

$$\fallingdotseq \frac{512}{50.4} \fallingdotseq 10.2 \,〔\mu\text{H}〕$$

【解答】　3

第 5 章　電源

電源の分野の計算問題は，変圧器（トランス）結合の電圧，ダイオード整流器の逆耐電圧，出力電圧の変動率などの問題があります．$\sqrt{\ }$（ルート）の計算があるので，$\sqrt{\ }$の数値のいくつかは覚えてください．

1. 整流電源回路

商用電源などの交流（AC）を直流（DC）に変換する回路を整流電源回路といいます．図 5.1 に，構成図および回路図を示します．

変圧器によって必要とする電圧に変えられた交流は，整流器によってプラスまたはマイナスの片方の極性を持つ脈流電圧となります．脈流をコンデンサあるいはチョーク・コイルとコンデンサで構成された平滑回路を通して，直流電圧の電源として出力します．

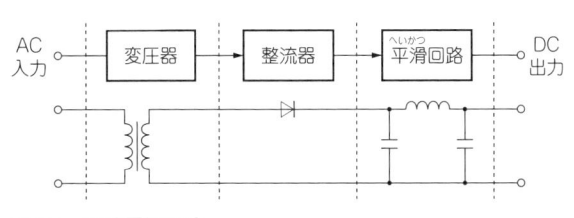

図 5.1　整流電源回路

2. 変圧器（トランス）

図 5.2 に示すように，二つのコイルを同じ鉄心に巻いて誘導結合した回路を変圧器（トランス）といいます．変圧器は交流電圧を一次側と二次側の巻数の比に比例した電圧に変換できます．

第 5 章　電源

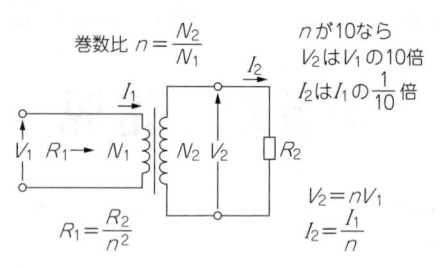

図 5.2　変圧器(トランス)

　一次側の巻数を N_1，二次側の巻数を N_2，一次側の電圧を V_1〔V〕，二次側の電圧を V_2〔V〕とすると，次式の関係が成り立ちます．

$$\frac{N_2}{N_1} = \frac{V_2}{V_1} \qquad \cdots\cdots (5\text{-}1)$$

$$V_2 = nV_1 \qquad \cdots\cdots (5\text{-}2)$$

ただし，n は二次側と一次側の巻数の比で，

$$n = \frac{N_2}{N_1}$$

一次側の電流を I_1〔A〕，二次側の電流を I_2〔A〕とすると，

$$\frac{N_2}{N_1} = \frac{I_1}{I_2} \qquad \cdots\cdots (5\text{-}3)$$

$$I_2 = \frac{I_1}{n} \qquad \cdots\cdots (5\text{-}4)$$

一次側から二次側を見た抵抗値を R_1〔Ω〕とすると，

　　↓(5-2)式，(5-4)式を代入する．

$$\begin{aligned} R_1 &= \frac{V_1}{I_1} = \frac{V_2}{n} \times \frac{1}{nI_2} \\ &= \frac{V_2}{n^2 I_2} = \frac{1}{n^2} R_2 \qquad \cdots\cdots (5\text{-}5) \end{aligned}$$

となり，二次側の抵抗値を巻数比の 2 乗 (n^2) 分の 1 に変換できます．
　また，一次側に供給する電力を P_1，二次側で消費する電力を P_2〔W〕とすると，変圧器に損失がないときは，

$$P_1 = P_2$$

損失があるときは，変圧器の効率 η を次式で表します．

↓「η」はギリシャ文字でイータと読む．

$$\eta = \frac{P_2}{P_1} \times 100 \,[\%] \qquad \cdots\cdots(5\text{-}6)$$

問題1 (2アマ)

図 5.3 に示す単巻変圧器において，入力電圧 E_1 が $100\,[V]$，xz 間の巻数が 690 回，yz 間の巻数が 600 回であるとき，出力電圧 E_2 の値として，正しいものを下の番号から選べ．

1. $87\,[V]$
2. $115\,[V]$
3. $132\,[V]$
4. $220\,[V]$

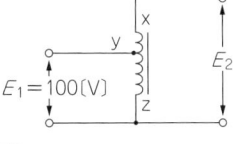

図 5.3

【解説】

入力電圧を $E_1\,[V]$，出力電圧を $E_2\,[V]$，入力 yz 間の巻数を N_1，出力 xz 間の巻数を N_2 とすると，

$$\frac{N_2}{N_1} = \frac{E_2}{E_1}$$

↓式を変形しないで数値を代入した方が計算がわかりやすい．

$$\frac{690}{600} = \frac{E_2}{100}$$

↓両辺に 100 を掛けて左右の式を入れ替える．

$$E_2 = \frac{690}{6} = 115\,[V]$$

【解答】　2

問題2 (1アマ)

図 5.4 に示すように，一次電圧 E_1 が $120\,[V]$，二次電圧 E_2 が $100\,[V]$ の単巻変圧器において，二次側の電流 I_2 が $5\,[A]$ のとき，変圧器の巻線 yz 間に流れる電流の大きさの値として，最も近いものを下の番号から選べ．ただし，変圧器の巻線のインダクタンスは十分大きく，負荷の力率は $100\,[\%]$

第 5 章　電源

および変圧器の効率は 90〔%〕とする．

1. 0.4〔A〕
2. 1.4〔A〕
3. 2.4〔A〕
4. 4.2〔A〕
5. 4.6〔A〕

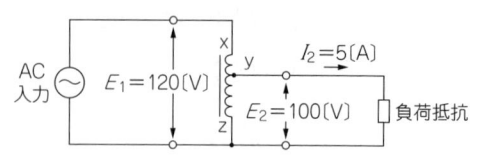

図 5.4

【解説】

一次側に接続された負荷抵抗で消費する電力 P_2〔W〕は，次式で表されます．

$$P_2 = E_2 I_2 = 100 \times 5 = 500 〔W〕$$

変圧器の効率を $\eta = 90$〔%〕$= 0.9$ とすると，一次側の電力 P_1〔W〕は，

$$P_1 = \frac{P_2}{\eta} = \frac{500}{0.9} \fallingdotseq 556 〔W〕$$

一次側の回路を流れる電流 I_1〔A〕は，

$$I_1 = \frac{P_1}{E_1} = \frac{556}{120} \fallingdotseq 4.6 〔A〕$$

二次側は一次側の逆起電力（逆方向の電圧）が発生するので，一次側と二次側を流れる電流は逆方向となり，yz 間に流れる電流 I は，

$$I = I_2 - I_1 = 5 - 4.6 = 0.4 〔A〕$$

【解答】　1

3．整流器（整流ダイオード）

(1) 各種整流回路

図 5.5 に各種整流回路を示します．交流の半周期のみを整流して出力する半波整流回路と正と負の周期で出力電圧の向きを変えることによって，全周期にわたって同じ向きの電圧を取り出す全波整流回路およびブリッジ整流回路があります．

(2) 整流波形の直流電圧

図 5.6 に示すような，平滑回路を通っていない全波整流波形では，平均値電圧が直流成分を表します．最大電圧を V_m〔V〕，平均値電圧を V_a〔V〕とす

3. 整流器(整流ダイオード)

(a) 単相半波整流回路

(b) 単相全波整流回路

(c) 単相ブリッジ整流回路

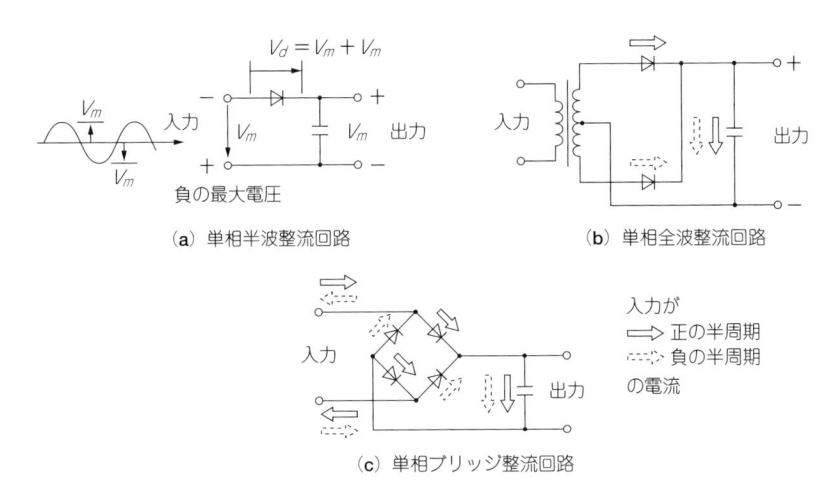

入力が
⇒ 正の半周期
⇢ 負の半周期
の電流

図 5.5　各種整流回路

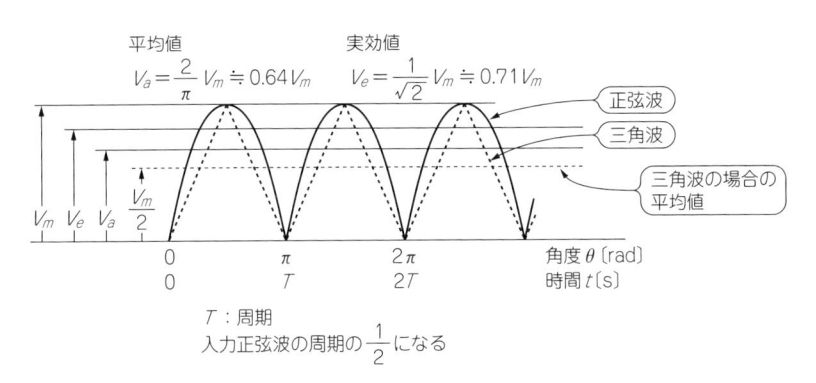

平均値　$V_a = \dfrac{2}{\pi} V_m \fallingdotseq 0.64 V_m$　　実効値　$V_e = \dfrac{1}{\sqrt{2}} V_m \fallingdotseq 0.71 V_m$

正弦波
三角波
三角波の場合の平均値

T：周期
入力正弦波の周期の $\dfrac{1}{2}$ になる

図 5.6　全波整流波形

ると，次式で表されます．

$$V_a = \frac{2}{\pi} V_m \fallingdotseq 0.64 V_m \text{〔V〕} \qquad \cdots\cdots (5\text{-}7)$$

三角波の平均値は $0.5 V_m$〔V〕となるので，それよりいくぶん大きな値と覚えてください．

問題 3（2 アマ）

図 5.7 に示す整流回路において，交流電源電圧 e が実効値 20〔V〕の正弦波電圧であるとき，負荷にかかる脈流電圧の平均値として，最も近いものを

下の番号から選べ．ただし，D_1 から D_4 までのダイオードの特性は，理想的なものとする．

1. 12〔V〕
2. 18〔V〕
3. 24〔V〕
4. 30〔V〕
5. 60〔V〕

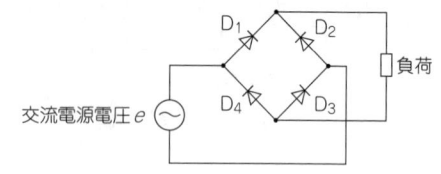

図 5.7

【解説】

交流電源電圧の実効値電圧を e〔V〕とすると，最大値 V_m〔V〕は，
$V_m = \sqrt{2}\, e \fallingdotseq 1.4 \times 20 = 28$〔V〕

図 5.7 の全波整流回路から出力された脈流電圧の平均値電圧を V_a〔V〕とすると，

$$V_a = \frac{2}{\pi} V_m \fallingdotseq 0.64 V_m = 0.64 \times 28 \fallingdotseq 18 \text{〔V〕}$$

【解答】　2

波形率・波高率

正弦波電圧の最大値を V_m，実効値を V_e，平均値を V_a とすると，

$$V_a = \frac{2}{\pi} V_m \fallingdotseq 0.64 V_m \quad \cdots\cdots (5\text{-}8)$$

$$V_e = \frac{1}{\sqrt{2}} V_m \fallingdotseq 0.71 V_m \quad \cdots\cdots (5\text{-}9)$$

実効値や平均値の値は，正弦波以外の三角波や方形波あるいはひずみ波によって，それぞれ異なる値を持ちます．

このとき，$\dfrac{V_m}{V_e}$ を波高率といい，正弦波では約 1.41 です．
$\dfrac{V_e}{V_a}$ を波形率といい，正弦波では約 1.11 です．
波形率の値を覚えておいて，実効値を波形率で割れば平均値を求めることができます．

3. 整流器(整流ダイオード)

問題 4 (2アマ)

図 5.8 に示す単相半波整流回路において，交流電源電圧 e が実効値 20〔V〕の正弦波電圧であるとき，負荷にかかる脈流電圧の平均値として，最も近いものを下の番号から選べ．ただし，ダイオードの特性は理想的なものとする．

1. 7〔V〕
2. 9〔V〕
3. 14〔V〕
4. 20〔V〕
5. 28〔V〕

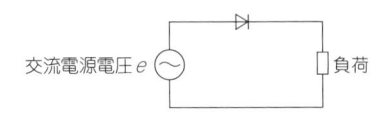

図 5.8

【解説】
交流電源電圧の実効値電圧を e〔V〕とすると，最大値 V_m〔V〕は，

$$V_m = \sqrt{2}\, e \fallingdotseq 1.4 \times 20 = 28 \text{〔V〕}$$

図 5.8 の半波整流回路では，交流電圧の負の半周期は脈流電圧が出力されないので，全波整流回路の平均値電圧の $\frac{1}{2}$ となるから，半波整流回路の平均値電圧 V_a〔V〕は，

$$V_a = \frac{1}{\pi} V_m \fallingdotseq 0.32 V_m = 0.32 \times 28 \fallingdotseq 9 \text{〔V〕}$$

【解答】　2

(3) ダイオードの耐圧

接合ダイオードを整流器に用いるときは，ダイオードに加わる逆方向電圧がそのダイオードの規格値を越えると，降伏現象(ツェナー効果)が発生して逆方向電流が流れてしまうので，逆耐電圧を超えないようにしなければなりません．

図 5.5(a) の半波整流回路では，入力交流電圧が正の半周期の間にコンデンサが充電されます．このとき，コンデンサの電圧は入力交流電圧の最大値 V_m〔V〕となります．次に，負の半周期では，充電された電圧 V_m と入力電圧の和がダイオードに逆方向電圧として加わります．このとき，ダイオードに加わる最大尖頭逆電圧 V_d〔V〕は，次式で表されます．

$$V_d = 2V_m = 2\sqrt{2}\, V_e \text{〔V〕} \quad\quad \cdots\cdots(5\text{-}10)$$

ただし，V_e〔V〕：入力交流電圧の実効値

第 5 章　電源

問題 5 (2 アマ)

図 5.9 に示す単相半波整流回路において，電源電圧 e が実効値 20〔V〕の正弦波電圧であるとき，ダイオードに加わる逆電圧の最大値として，最も近いものを下の番号から選べ．ただし，電源電圧を加える前にコンデンサには電荷が蓄えられておらず，また出力端子は開放とする．

1. 14〔V〕
2. 20〔V〕
3. 28〔V〕
4. 40〔V〕
5. 56〔V〕

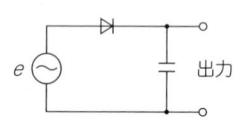

図 5.9

【解説】

開放とは，負荷抵抗を接続しないで，負荷に流れる電流が 0 の状態です．実効値が e〔V〕の入力電圧のとき，半波整流回路のダイオードに加わる最大尖頭逆電圧 V_d〔V〕は，

$$V_d = 2\sqrt{2}\,e \fallingdotseq 2 \times 1.4 \times 20 = 56 \text{〔V〕}$$

【解答】　5

問題 6 (2 アマ)

図 5.10 に示す整流回路において，交流電源電圧 e が実効値 14〔V〕の正弦波電圧であるとき，D_1 から D_4 までのそれぞれのダイオードに加わる逆電圧の最大値として，最も近いものを下の番号から選べ．ただし，交流電源電圧を加える前に，コンデンサには電荷が蓄えられていなかったものとする．

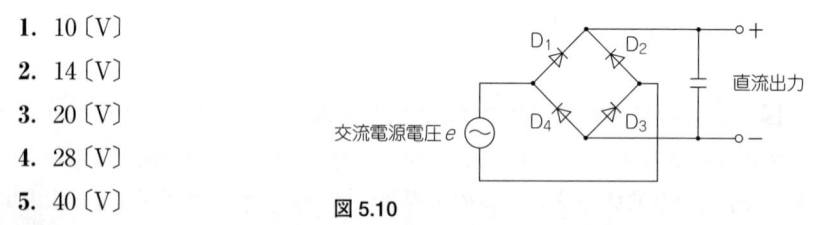

1. 10〔V〕
2. 14〔V〕
3. 20〔V〕
4. 28〔V〕
5. 40〔V〕

図 5.10

【解説】

図 5.10 の全波整流回路では，入力交流電圧が正の半周期の間にコンデンサに充電される電圧は入力交流電圧の最大値 V_m〔V〕となります．次に，負の半周期では，図 5.11 のように D_2 と D_4 は導通状態となってコンデンサに

電流を充電しますが，このとき D_1 と D_3 には逆電圧が加わります．D_1 には入力電圧の最大値 V_m が加わり，D_3 には出力電圧 V_m が加わるので，それぞれのダイオードに加わる電圧は V_m となります．よって，それぞれのダイオードに加わる逆電圧の最大値 V_d [V] は，実効値を e [V] とすれば，

$$V_d = V_m = \sqrt{2}\,e \fallingdotseq 1.4 \times 14 \fallingdotseq 20 \text{ [V]}$$

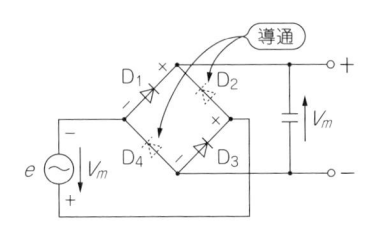

図 5.11　導通状態の整流回路

【解答】　3

問題7 (1アマ)

図 5.12 に示す整流回路における端子 ab 間の電圧の値として，最も近いものを下の番号から選べ．ただし，電源は実効値電圧 32 [V] の正弦波交流とし，またダイオード D の順方向の抵抗は 0，逆方向の抵抗は無限大とする．

1. 32 [V]
2. 45 [V]
3. 64 [V]
4. 90 [V]
5. 128 [V]

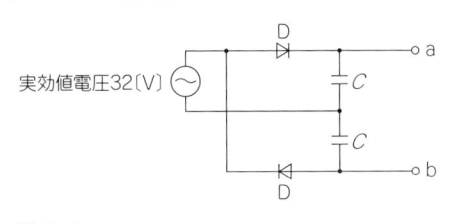

図 5.12

【解説】

図 5.12 の整流回路は，単相全波倍電圧整流回路です．図 5.13 のように正の半周期では，D_1 が動作して C_1 が交流電圧の最大値 V_m [V] に充電されます．次に，負の半周期では D_2 が動作して C_2 が交流電圧の最大値 V_m [V] に充電されます．ab 間のそれぞれの電圧の向きは同じなので，出力電圧 V_O [V] は，

$$V_O = 2V_m \text{ [V]}$$

実効値電圧を V_e [V] とすると，最大値 V_m は，

$$V_m = \sqrt{2}\,V_e \text{ [V]}$$

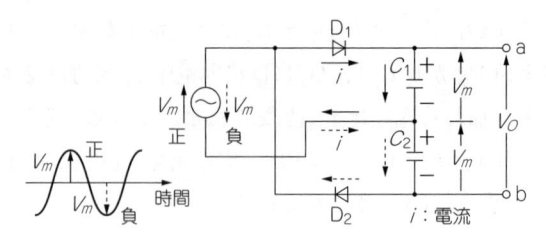

図 5.13 単相全波倍電圧整流回路

したがって，出力電圧 V_O 〔V〕は，

$$V_O = 2V_m = 2\sqrt{2}\,V_e \fallingdotseq 2 \times 1.4 \times 32 \fallingdotseq 90\,[\text{V}]$$

【解答】　4

4. リプル率（リプル含有率）

整流電源回路の出力は完全な直流になるわけではなく，電源の交流分のいくらかが出力に含まれています．出力電圧の交流分と直流分の比をリプル率あるいはリプル含有率といいます．リプル率 γ は，交流分（リプル分）の実効値を V_e，直流電圧を V_D とすると，次式で表されます．

「γ」はギリシャ文字でガンマと読む．

$$\gamma = \frac{V_e}{V_D} \times 100\,[\%] \qquad \cdots\cdots(5\text{-}11)$$

問題 8 （1 アマ）

電源の出力波形が**図 5.14** のように示されるとき，この電源のリプル率（リプル含有率）の値として，最も近いものを下の番号から選べ．ただし，リプルの波形は単一周波数の正弦波とする．

1. 2〔%〕
2. 4〔%〕
3. 6〔%〕
4. 8〔%〕
5. 92〔%〕

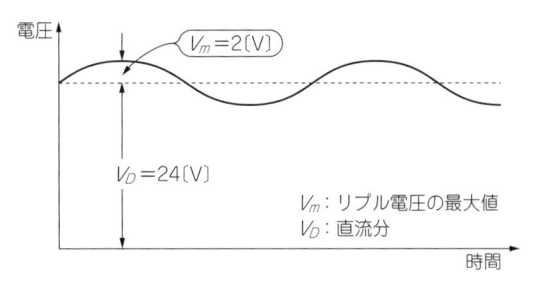

図 5.14

【解説】

リプルの波形は問題の条件より正弦波なので，リプル電圧の最大値が V_m のときのリプル電圧の実効値 V_e は，次式で表されます．

$$\downarrow \frac{1}{\sqrt{2}} \fallingdotseq 0.7 \text{ は覚えよう．}$$

$$V_e = \frac{V_m}{\sqrt{2}} = \frac{2}{\sqrt{2}} \fallingdotseq 0.7 \times 2 = 1.4 \text{ [V]}$$

直流電圧を V_D とするとリプル率 γ は，

$$\gamma = \frac{V_e}{V_D} \times 100 = \frac{1.4}{24} \times 100 \fallingdotseq 6 \text{ [\%]}$$

【解答】 3

5．電圧変動率

整流電源回路は，変圧器の損失抵抗やダイオードの順方向抵抗などによる等価的な内部抵抗のために，負荷に電流を流すと図 5.15 のように，出力電圧が低下します．出力電流 $I = 0$ のときの出力電圧を V_0，定格負荷を接続したときの出力電圧を V_S とすると，電圧変動率 δ は次式で表されます．

$\downarrow$ 「δ」はギリシャ文字でデルタと読む．

$$\delta = \frac{V_0 - V_S}{V_S} \times 100 \text{ [\%]} \quad \cdots\cdots(5\text{-}12)$$

第 5 章　電源

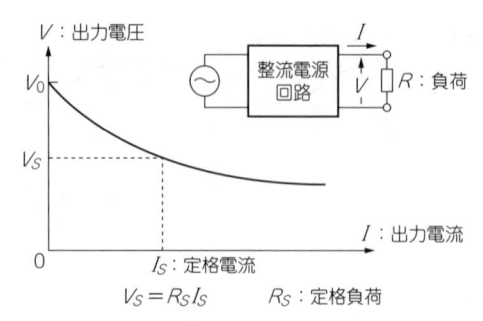

図 5.15　出力電流特性

問題 9（1 アマ）

無負荷のときの出力電圧が 24.6〔V〕および定格負荷のときの出力電圧が 24〔V〕である電源装置の電圧変動率の値として，正しいものを下の番号から選べ．

1. 1.4〔％〕　　2. 2.5〔％〕　　3. 4.4〔％〕
4. 7.2〔％〕　　5. 8.1〔％〕

【解説】

無負荷のときの出力電圧を V_0，定格負荷のときの出力電圧を V_S とすると，電圧変動率 δ は次式で表されます．

$$\delta = \frac{V_0 - V_S}{V_S} \times 100 = \frac{24.6 - 24}{24} \times 100$$

$$= \frac{0.6}{24} \times 100$$

$$= \frac{60}{24} = 2.5 〔\%〕$$

【解答】　2

6. 電圧の分圧

電源回路から，トランジスタ回路へいくつかの異なる電圧を供給するときは，抵抗の電圧降下を利用して電圧を分圧して供給できます．このとき接続する抵抗をブリーダ抵抗，その抵抗に流れる電流をブリーダ電流といいます．

6. 電圧の分圧

問題10 (1アマ)

図 5.16 に示す直流電源回路の出力電圧が 24〔V〕であるとき，抵抗 R_1，R_2 および R_3 を用いた電圧分割器により，出力端子 A から 12〔V〕，100〔mA〕および出力端子 B から 5〔V〕，50〔mA〕を取り出す場合，R_1, R_2 および R_3 の抵抗値の正しい組み合わせを下の番号から選べ．ただし，接地端子を G とし，R_3 を流れるブリーダ電流を 50〔mA〕とする．

	R_1	R_2	R_3
1.	120〔Ω〕	100〔Ω〕	130〔Ω〕
2.	120〔Ω〕	90〔Ω〕	120〔Ω〕
3.	60〔Ω〕	80〔Ω〕	110〔Ω〕
4.	60〔Ω〕	70〔Ω〕	100〔Ω〕
5.	60〔Ω〕	60〔Ω〕	90〔Ω〕

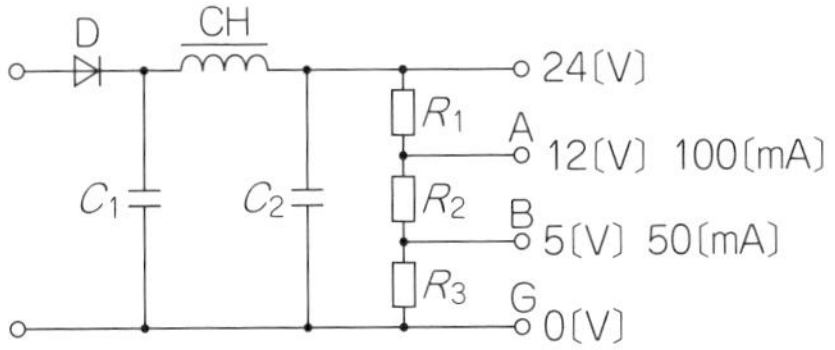

図 5.16

【解説】

図 5.16 の回路図には書いてありませんが，A および B 端子には負荷抵抗が接続されており，A および B 端子の電流は外部の負荷抵抗に供給される電流を表します．

問題の条件より，図 5.17 に示す BG 間の電圧 V_B〔V〕と R_3 を流れるブリーダ電流 $I_3 = 50$〔mA〕 $= 50 \times 10^{-3}$〔A〕が分かっているので，R_3〔Ω〕は，

分母の指数のマイナスは，
分子に持っていくとプラスになる↓

$$R_3 = \frac{V_B}{I_3} = \frac{5}{50 \times 10^{-3}} = \frac{5}{5 \times 10^{-2}}$$
$$= 1 \times 10^2 = 100 \text{〔Ω〕}$$

ここまで求めれば，答えは4と分かりますが，R_2 と R_1〔Ω〕を求めてみます．R_2 を流れる電流 I_2〔A〕は，図 5.17 のように I_3 と I_B の和なので，

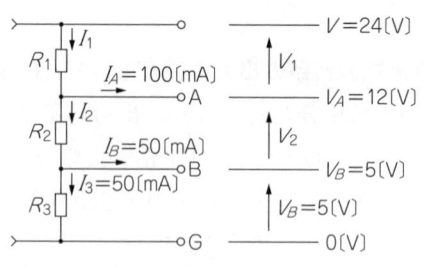

図 5.17 電圧の分圧回路

$$I_2 = I_3 + I_B = 50 \times 10^{-3} + 50 \times 10^{-3}$$
$$= 100 \times 10^{-3} = 1 \times 10^{-1} \,[\text{A}] \quad \cdots\cdots (5\text{-}13)$$

R_2 に加わる電圧 $V_2\,[\text{V}]$ は，

$$V_2 = V_A - V_B = 12 - 5 = 7\,[\text{V}] \quad \cdots\cdots (5\text{-}14)$$

R_2 を求めると，(5-13)式，(5-14)式より，

$$R_2 = \frac{V_2}{I_2} = \frac{7}{1 \times 10^{-1}} = 7 \times 10^1 = 70\,[\Omega]$$

R_1 を流れる電流 $I_1\,[\text{A}]$ は，I_2 と I_A の和なので，

$$I_1 = I_2 + I_A = 100 \times 10^{-3} + 100 \times 10^{-3}$$
$$= 200 \times 10^{-3} = 2 \times 10^{-1} \,[\text{A}] \quad \cdots\cdots (5\text{-}15)$$

R_1 に加わる電圧 $V_1\,[\text{V}]$ は，

$$V_1 = V - V_A = 24 - 12 = 12\,[\text{V}] \quad \cdots\cdots (5\text{-}16)$$

R_1 を求めると，(5-15)式，(5-16)式より，

$$R_1 = \frac{V_1}{I_1} = \frac{12}{2 \times 10^{-1}} = 6 \times 10^1 = 60\,[\Omega]$$

【解答】 4

7．定電圧電源

　負荷に流れる電流や入力電圧が変化しても，出力電圧を一定にするために用いられる回路を定電圧電源回路または安定化電源回路といいます．
　図 5.18 にツェナー・ダイオードを用いた定電圧電源回路を示します．ツェナー・ダイオードは逆方向電圧を上げていくと，ある電圧になると急激に

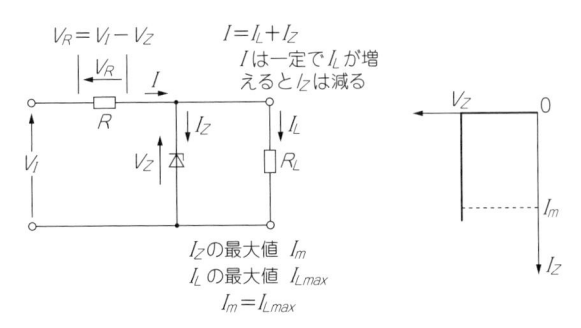

7. 定電圧電源

図 5.18 定電圧電源回路

電流が流れますが，そのときの電圧はほぼ一定です．この特性を利用して出力電圧を一定に保ちます．

　負荷に流れる電流が 0 のときは，ツェナー・ダイオードに流れる電流は最大となります．このときのツェナー・ダイオードのツェナー電圧（定格電圧）を V_Z〔V〕，許容電力を P_D〔W〕とすると，ツェナー・ダイオードに流すことができる最大電流 I_m〔A〕は，次式で表されます．

$$I_m = \frac{P_D}{V_Z} \text{〔A〕} \qquad \cdots\cdots (5\text{-}17)$$

　負荷抵抗が小さくなって負荷に電流が流れると，ツェナー・ダイオードに流れる電流は分流して少なくなりますが，最大電流 I_m の範囲内では負荷の電圧は，ほぼ一定の V_Z に保たれます．

　負荷抵抗 R_L に流れる電流が I_m の範囲内であれば，電圧を一定値に保つことができるので，負荷に流すことができる最大電流 I_{Lmax} は，ツェナー・ダイオードに流れる最大電流 I_m と等しくなります．入力電圧を V_I〔V〕とすると，最大電流 I_m を制限するために用いられる安定抵抗 R〔Ω〕は，次式で表されます．

$$R = \frac{V_R}{I_m} = \frac{V_I - V_Z}{I_{Lmax}} \text{〔Ω〕} \qquad \cdots\cdots (5\text{-}18)$$

　ツェナー・ダイオードを用いた定電圧回路では，出力電流があまり大きくとれないことと電圧安定度が低いので，より高性能な定電圧電源とするためには，ツェナー・ダイオードとトランジスタで構成された定電圧電源回路が用いられます．

問題 11（1 アマ）

図 5.19 に示すツェナー・ダイオードを用いた定電圧回路において，入力電圧が 24〔V〕，ツェナー・ダイオード D_Z の規格はツェナー電圧が 12〔V〕，許容電力が 3〔W〕である．この回路の安定抵抗 R の値および負荷 R_L に流し得る電流 I_L の最大値 I_{Lmax} の最も近い組み合わせを下の番号から選べ．

	R	I_{Lmax}
1.	24〔Ω〕	500〔mA〕
2.	30〔Ω〕	400〔mA〕
3.	33〔Ω〕	350〔mA〕
4.	40〔Ω〕	300〔mA〕
5.	48〔Ω〕	250〔mA〕

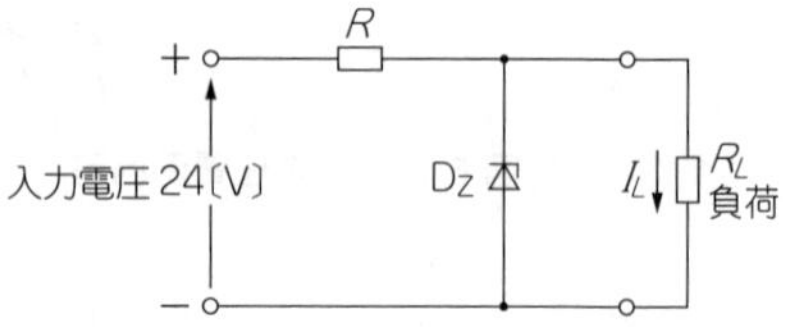

図 5.19

【解説】

まず，求める値はどちらから先に求めるかを考えます．各部の電圧は与えられていますが，電流が分からないので抵抗値を求めることはできません．そこで，I_{Lmax} から先に求めます．

ツェナー・ダイオードのツェナー電圧を V_Z〔V〕，許容電力を P_D〔W〕とすると，負荷に流すことができる最大電流 I_{Lmax}〔A〕は，次式で表されます．

$$I_{Lmax} = \frac{P_D}{V_Z} = \frac{3}{12} = 0.25〔A〕 = 250 \times 10^{-3}〔A〕 = 250〔mA〕$$

ここまで求めれば，答えは 5 と分かりますが，安定抵抗 R〔Ω〕を求めてみます．入力電圧を V_I〔V〕とすると，安定抵抗 R は，

$$R = \frac{V_I - V_Z}{I_{Lmax}} = \frac{24 - 12}{0.25} = \frac{1{,}200}{25} = 48〔Ω〕$$

【解答】 5

第6章　アンテナ・給電線

1. 周波数と波長

電波はアンテナに流れる高周波電流によって発生します．図 6.1 に示したように周波数 f の高周波電流をアンテナに流して空間に電波が放射されたときに，進行する電波の1周期の長さを波長といいます．

電波の速度を c〔m/s〕，周波数を f〔Hz〕とすると，波長 λ〔m〕は次式で表されます．

「λ」はギリシャ文字でラムダと読む．

$$\lambda = \frac{c}{f} \fallingdotseq \frac{3 \times 10^8}{f} \text{〔m〕} \quad \cdots\cdots(6\text{-}1)$$

また，周波数の単位として〔MHz〕を用いると，次式で表されます．

$$\lambda \fallingdotseq \frac{300}{f \text{〔MHz〕}} \text{〔m〕} \quad \cdots\cdots(6\text{-}2)$$

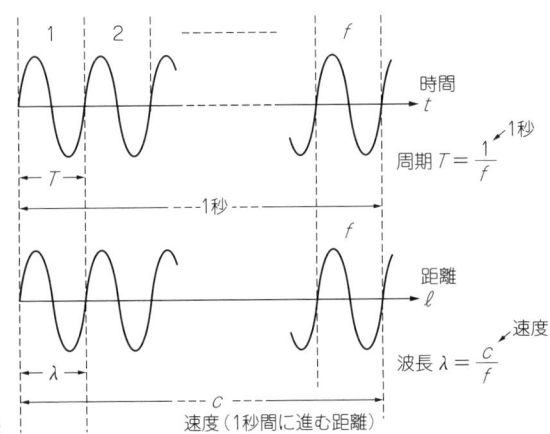

図 6.1
周波数と波長

2. 半波長ダイポール・アンテナ

図6.2のように，アンテナ素子の長さが$\frac{1}{2}$波長のアンテナを半波長ダイポール・アンテナといいます．

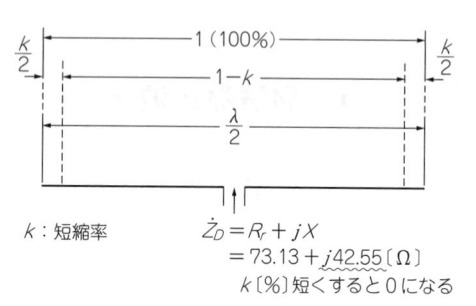

図6.2 半波長ダイポール・アンテナ

半波長ダイポール・アンテナの給電点インピーダンス$\dot{Z}_D$は，

$$\dot{Z}_D = R_r + jX$$
$$= 73.13 + j42.55 \,[\Omega] \qquad \cdots\cdots(6\text{-}3)$$

で表されます．ここでR_rは放射抵抗を表します．電波放射を行うことによって，給電する電源（送信機）側から見ると電力が消費されますが，これを等価的な抵抗として取り扱うための値です．

R_rとjXの値は，アンテナの長さを変化させると変化します．アンテナの長さを数パーセント短くするとjXの値は大きく変化するので0となりますが，R_rの値はあまり変化しません．リアクタンス分が打ち消されて0になると，送信機から給電しやすくなります．このとき，アンテナを短縮する割合を短縮率といいます．

問題1(2アマ)

使用周波数が10.1〔MHz〕の半波長ダイポール・アンテナのエレメントの全長の値として，最も近いものを下の番号から選べ．ただし，短縮率を3％とする．

1. 5.1〔m〕 2. 7.4〔m〕 3. 10.1〔m〕 4. 14.4〔m〕 5. 15.3〔m〕

【解説】

使用周波数を f〔MHz〕とすると，波長 λ は次式で表されます．

$$\lambda \fallingdotseq \frac{300}{f} = \frac{300}{10.1} = 29.7 \fallingdotseq 30 \,〔\text{m}〕$$

短縮率を $k = 3$〔%〕$= 0.03$ とすると，半波長ダイポール・アンテナのエレメントの全長 ℓ は，次式で表されます．

$$\ell = \frac{\lambda}{2} \times (1 - k) = \frac{\lambda}{2} \times (1 - 0.03)$$

$$= \frac{30 - 30 \times 0.03}{2} \fallingdotseq \frac{29}{2} = 14.5 \,〔\text{m}〕$$

↑ 途中の計算で近似しているので，答えは選択肢と差が出る．

【解答】　4

3. 垂直接地アンテナ

$\frac{1}{4}$ 波長垂直接地アンテナは，図 6.3 のように片方の給電線を半波長垂直ダイポール・アンテナの素子に接続する代わりに，大地に接地した構造です．

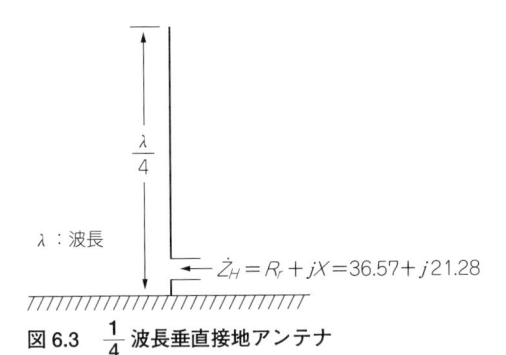

図 6.3 $\frac{1}{4}$ 波長垂直接地アンテナ

λ：波長　　$\dot{Z}_H = R_r + jX = 36.57 + j21.28$

電波放射に影響する素子が半波長ダイポール・アンテナの $\frac{1}{2}$ なので，給電点インピーダンス $\dot{Z}_H$〔Ω〕も半波長ダイポール・アンテナのインピーダンスの $\frac{1}{2}$ となり，次式で表されます．

$$\dot{Z}_H = R_r + jX = 36.57 + j21.28 \,〔\Omega〕 \quad \cdots\cdots(6\text{-}4)$$

問題2(1アマ)

$\frac{1}{4}$波長垂直接地アンテナからの放射電力を900〔W〕にするためのアンテナ給電電流の値として,最も近いものを下の番号から選べ.

1. 3〔A〕   2. 5〔A〕   3. 7〔A〕
4. 9〔A〕   5. 11〔A〕

【解説】

放射抵抗をR_r〔Ω〕,放射電力をP〔W〕,給電電流をI〔A〕とすると,

$P = I^2 R_r$

$900 ≒ I^2 \times 36.6$

よって,

$I^2 = \dfrac{900}{36.6} ≒ 25$

したがって,

$I = \sqrt{25} = 5$〔A〕

国家試験で出題されるルートの計算が必要な問題のほとんどは,この問題の答えのように$\sqrt{25} = 5$,あるいは$\sqrt{9} = 3$,$\sqrt{4} = 2$など簡単にルートが解ける問題です.しかし,$\sqrt{}$の解を簡単に求めることができない問題では,ルートは筆算で解く計算方法もありますが,面倒なので選択肢の方を2乗して(この問題では$5^2 = 25$として)答えを見つけた方が簡単です.

【解答】　2

4. 放射効率

アンテナに電力を供給すると,空間に電波として放射される放射電力と,それ以外に損失となる電力があります.損失となる電力は,アンテナの導体抵抗,接地抵抗,誘電体損などによって発生します.これらの値を損失抵抗R_ℓとして,電波放射となる抵抗を放射抵抗R_rとすると,等価回路は図6.4のようになります.また,放射抵抗R_rと損失抵抗R_ℓの和を実効抵抗Rといいます.

アンテナに供給される電力をP,アンテナから放射される放射電力をP_r,アンテナ電流をIとすると,放射効率ηは次式で表されます.

4. 放射効率

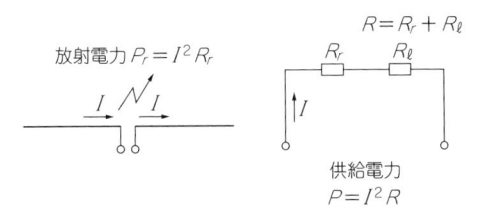

図 6.4 アンテナの等価回路

「η」はギリシャ文字でイータと読む．

$$\eta = \frac{P_r}{P} = \frac{I^2 R_r}{I^2 R}$$

$$= \frac{R_r}{R} = \frac{R_r}{R_r + R_\ell} \times 100 \ [\%] \qquad \cdots\cdots (6\text{-}5)$$

問題 3 (1 アマ)

送信機とアンテナを完全に整合させたとき，アンテナ電流は 3 〔A〕であった．この状態でアンテナからの放射電力およびアンテナの実効抵抗を測定したところ，それぞれ 270 〔W〕および 50 〔Ω〕であった．アンテナの放射抵抗および放射効率の値の組み合わせとして，正しいものを下の番号から選べ．

　　　放射抵抗　　放射効率
1. 25 〔Ω〕　　 50 〔%〕
2. 30 〔Ω〕　　 60 〔%〕
3. 35 〔Ω〕　　 70 〔%〕
4. 40 〔Ω〕　　 80 〔%〕
5. 45 〔Ω〕　　 90 〔%〕

【解説】

アンテナに供給される電力を P，放射電力を P_r，実効抵抗を R とすると，放射効率 η は，次式で表されます．

$$\eta = \frac{P_r}{P} = \frac{P_r}{I^2 R}$$

$$= \frac{270}{3^2 \times 50} = \frac{3}{5} = 0.6 = 0.6 \times 100 \ [\%] = 60 \ [\%]$$

ここまでの計算で答えの選択肢は 2 と分かりますが，放射抵抗を R_r とすると，

$$\eta = \frac{R_r}{R}$$

より，

$$R_r = \eta R = 0.6 \times 50 = 30 \ [\Omega]$$

【解答】　2

5. 利得

アンテナの利得は，特定の方向に電波を強く放射する指向性があることによって発生します．

基準アンテナと試験する(供試)アンテナの最大放射方向において，それぞれのアンテナから同一距離における電界強度を等しくしたとき，基準アンテナの入力電力を P_0，試験するアンテナの入力電力を P とすると，送信アンテナの利得 G は次式で表されます．

$$G = \frac{P_0}{P} \qquad \cdots\cdots(6\text{-}6)$$

これをデシベル G_{dB} で表すと，

$$G_{dB} = 10 \log_{10} \frac{P_0}{P} \ [\text{dB}] \qquad \cdots\cdots(6\text{-}7)$$

また，基準アンテナとして半波長ダイポール・アンテナを用いたときの利得を相対利得，等方性アンテナを用いたときの利得を絶対利得といいます．等方性アンテナは，全方向に均一に電波放射が行われる理論的に考えられた

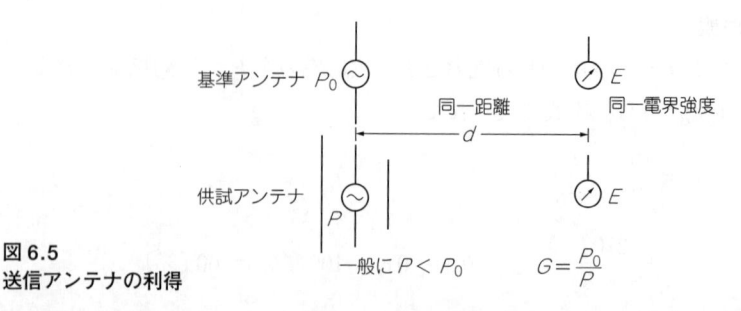

図 6.5
送信アンテナの利得

仮想アンテナです．

> **半波長ダイポール・アンテナの絶対利得**
>
> $G = 1.64$
>
> $G_{dB} = 2.15 \,[\text{dB}]$
>
> 半波長ダイポール・アンテナの指向特性は，アンテナ軸を含む面で八の字形をしているので，等方性アンテナに比較すると利得を持ちます．

問題 4（1アマ）

半波長ダイポール・アンテナに 32〔W〕の電力を加え，八木アンテナに 2〔W〕の電力を加えたとき，両アンテナの最大放射方向の同一距離の場所で，それぞれのアンテナから放射される電波の電界強度が等しくなった．このとき八木アンテナの相対利得の値として，最も近いものを下の番号から選べ．ただし，整合損失や給電線損失などの損失は無視できるものとする．

1. 8〔dB〕　　2. 9〔dB〕　　3. 12〔dB〕
4. 16〔dB〕　　5. 32〔dB〕

【解説】

半波長ダイポール・アンテナを基準アンテナとして入力電力を P_0，試験する八木アンテナの入力電力を P とすると，八木アンテナの利得 G は，

$$G = \frac{P_0}{P} = \frac{32}{2} = 16$$

デシベル G_{dB} で表すと，

$$G_{dB} = 10 \log_{10} 16 = 10 \log_{10} 2^4$$
$$= 4 \times 10 \log_{10} 2 \fallingdotseq 4 \times 10 \times 0.3 = 12 \,[\text{dB}]$$

次のように計算しても求めることができます．

$$G_{dB} = 10 \log_{10} 16 = 10 \log_{10} (2 \times 2 \times 2 \times 2)$$

　　　　　真数の掛け算は log の足し算になる．↑

$$= 10 \log_{10} 2 + 10 \log_{10} 2 + 10 \log_{10} 2 + 10 \log_{10} 2$$
$$\fallingdotseq 10 \times 0.3 + 10 \times 0.3 + 10 \times 0.3 + 10 \times 0.3 = 12 \,[\text{dB}]$$

【解答】　3

問題 5 (2アマ)

送信点 P_1 から相対利得 6 [dB] の八木アンテナにより放射電力 80 [W] で送信したとき，最大放射方向の受信点 P_2 で電界強度 E_0 が得られたとする．次に送信点 P_1 から半波長ダイポール・アンテナで送信したとき，最大放射方向の受信点 P_2 で同じ電界強度 E_0 を得るために必要な放射電力の値として，正しいものを下の番号から選べ．ただし，$\log_{10} 2 ≒ 0.3$ とする．

1. 120 [W]　　2. 160 [W]　　3. 240 [W]　　4. 320 [W]

【解説】

相対利得 G_{dB} を真数 G で表すと，次式で表されます．

$$G_{dB} = 10 \log_{10} G \text{ [dB]}$$

数値を代入すると，

$6 = 10 \log_{10} G$

$3 + 3 = 10 \times (\log_{10} 2 + \log_{10} 2)$

↑ log の足し算は真数の掛け算になる．

$\qquad = 10 \times \log_{10}(2 \times 2)$

したがって，

$G = 4$

半波長ダイポール・アンテナの放射電力を P_0，八木アンテナの放射電力を P とすると，

$$G = \frac{P_0}{P}$$

よって，

$P_0 = GP = 4 \times 80 = 320 \text{ [W]}$

【解答】　4

問題 6 (1アマ)

半波長ダイポール・アンテナと指向性アンテナのそれぞれに同じ電力を供給したとき，ある同一地点における電界強度がそれぞれ 10 [mV/m] と 20 [mV/m] であった．このときの指向性アンテナの利得 [dB] の値として，最も近いものを下の番号から選べ．

1. 3　　2. 5　　3. 6　　4. 7　　5. 9

【解説】

　アンテナの利得は，同一距離における電界強度を等しくしたときの基準アンテナの入力電力と試験するアンテナの入力電力の比で定められています．このとき，送信電力 P の $\sqrt{\ }$ と受信電界強度 E は比例するので，それぞれの2乗も比例するから，比例定数を k とすると，次式が成り立ちます．

$$E^2 = kP$$

それぞれのアンテナの入力電力を一定としたときの受信電界強度の比を2乗すれば利得を求めることができます．

　半波長ダイポール・アンテナの電界強度を E_0 〔mV/m〕，指向性アンテナの電界強度を E 〔mV/m〕とすると，アンテナ利得 G は，

↓ 電界強度が大きい方が利得が大きいので，電力の式とは分母と分子が逆になる．

$$G = \frac{E^2}{E_0^2} = \left(\frac{E}{E_0}\right)^2$$

↓ 単位が同じ〔mV/m〕のときは，10^{-3} に直さなくても計算できる．

$$= \left(\frac{20}{10}\right)^2 = 4$$

デシベル G_{dB} で表すと，

$$G_{dB} = 10 \log_{10} G = 10 \log_{10} 4 = 10 \log_{10} 2 + 10 \log_{10} 2$$
$$\fallingdotseq 3 + 3 = 6 \text{〔dB〕}$$

【解答】　3

6. 電界強度

　放射電力を P とすると，アンテナから最大放射方向に距離 d 離れた点の電界強度 E は，次式で表されます．

$$E = \frac{\sqrt{30 G_I P}}{d} \text{〔V/m〕} \qquad \cdots\cdots(6\text{-}8)$$

$$E = \frac{7\sqrt{G_D P}}{d} \text{〔V/m〕} \qquad \cdots\cdots(6\text{-}9)$$

ただし，G_I は絶対利得，G_D は相対利得

　半波長ダイポール・アンテナによる電界強度は，$G_D = 1$ として求めるこ

とができます.

問題7 (1アマ)

送信アンテナからの放射電力を 5 [W] から 200 [W] に増加させるとき，受信点における電界強度が増加する割合として，最も近いものを下の番号から選べ．ただし，$\log_{10} 2 ≒ 0.3$ とする．

1. 6 [dB] 　2. 16 [dB]
3. 20 [dB] 　4. 32 [dB]

【解説】

放射電力を P，比例定数を k とすると，電界強度 E は次式の関係があります．
$$E = k\sqrt{P} \ [\text{V/m}]$$

電界強度 E は電圧の単位を持つので，デシベル値 E_{dB} は次式で表されます．

$E_{dB} = 20 \log_{10} E = 20 \log_{10} k\sqrt{P}$

（$\sqrt{\ }$ は $\frac{1}{2}$ 乗で表される．↓）

$= 20 \log_{10} k + 20 \log_{10} P^{\frac{1}{2}}$

（$20 \times \frac{1}{2} = 10$ ↓）

$= 20 \log_{10} k + 10 \log_{10} P$

放射電力を P_1 から P_2 に増加させるとき，受信点における電界強度が増加する割合 x は，

$x = 10 \log_{10} \dfrac{P_2}{P_1}$

$= 10 \log_{10} \dfrac{200}{5} = 10 \log_{10} 40$

$= 10 \log_{10} (2 \times 2 \times 10)$

$= 10 \log_{10} 2 + 10 \log_{10} 2 + 10 \log_{10} 10$

$≒ 3 + 3 + 10 = 16$ [dB]

【解答】　2

7. 受信アンテナの誘起電圧

(1) 実効長

アンテナに高周波電流を給電すると，アンテナの先端では電流は最小値となり，先端から給電部の位置に近づくと $\frac{1}{4}\lambda$ までは増加する電流分布が発生します．半波長ダイポール・アンテナでは，図 6.6 のように電流分布が sin の関数で表されます．電流分布がアンテナ上で一定の大きさであるとして，アンテナの長さを等価的に短くした長さをアンテナの実効長（実効高）といいます．

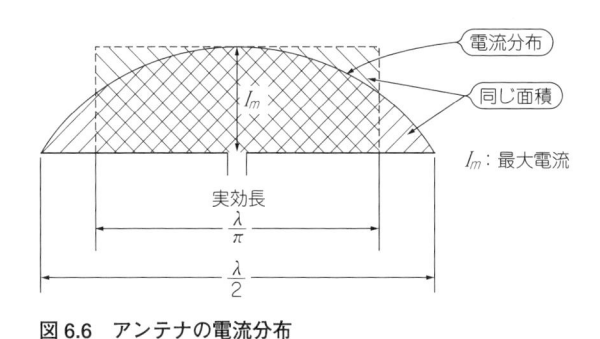

図 6.6　アンテナの電流分布

半波長ダイポール・アンテナの実効長を ℓ_e とすると，次式で表されます．

$$\ell_e = \frac{\lambda}{\pi} \ \mathrm{[m]} \qquad \cdots\cdots (6\text{-}10)$$

(2) 誘起電圧

実効長はアンテナの電流分布から求めた値ですが，アンテナを受信用に用いたときは，電界強度と受信電圧の関係を表す値として用いられます．

電界強度 E [V/m] の場所に受信アンテナを置き，アンテナの実効長を ℓ_e [m] とすると，アンテナに誘起する起電力 e は，次式で表されます．

$$e = E\ell_e \ \mathrm{[V]} \qquad \cdots\cdots (6\text{-}11)$$

問題 8 (1アマ)

到来電波の電界強度が 100 〔μV/m〕の受信点において，$\frac{1}{4}$ 波長垂直接地アンテナを用いて受信したとき，アンテナに誘起される起電力の値として，最も近いものを下の番号から選べ．ただし，受信周波数は 14 〔MHz〕とする．また，波長を λ で表した場合，このアンテナの実効高は $\frac{\lambda}{2\pi}$ で示される．

1. 170 〔μV〕
2. 220 〔μV〕
3. 341 〔μV〕
4. 683 〔μV〕

【解説】

垂直アンテナの実効長は実効高と呼ばれます．$\frac{1}{4}$ 波長垂直接地アンテナの実効高は，半波長ダイポール・アンテナの実効長の $\frac{1}{2}$ となります．

使用周波数を f〔MHz〕とすると，波長 λ は次式で表されます．

$$\lambda \fallingdotseq \frac{300}{f} = \frac{300}{14} \fallingdotseq 21.4 \text{〔m〕}$$

電界強度を E，アンテナの実効高を ℓ_e とすると，アンテナに誘起される起電力 e は次式で表されます．

$$e = E\ell_e = E\frac{\lambda}{2\pi}$$

$$= 100 \times 10^{-6} \times \frac{21.4}{2 \times 3.14}$$

↑ $\frac{20}{2} \div 3 \fallingdotseq 3.3$ と計算しても答えは見つかる．

$$\fallingdotseq 341 \times 10^{-6} \text{〔V〕} = 341 \text{〔μV〕}$$

【解答】 3

8. 八木アンテナ

(1) 八木アンテナの構造

八木アンテナは，半波長ダイポール・アンテナを用いた放射器の近く（約 $\frac{1}{10}$ から $\frac{1}{4}$ 波長）に $\frac{1}{2}$ 波長より少し短い導波器と少し長い反射器を図 **6.7** のように配置した構造です．導波器の方向に単一指向性が得られます．導波器の本数を増やすことによって指向性を鋭くし，利得を向上できます．

8. 八木アンテナ

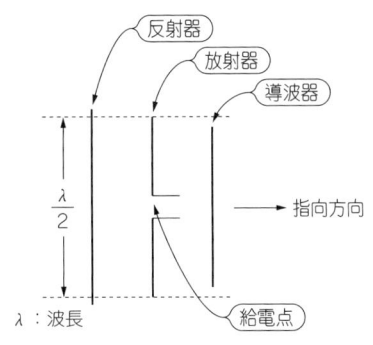

図 6.7　八木アンテナの構造

問題 9 (2アマ)

周波数 21〔MHz〕用の八木アンテナの放射器の長さとして，最も近いものを下の番号から選べ．

1. 3.5〔m〕　　2. 6.9〔m〕　　3. 10〔m〕
4. 14〔m〕　　5. 21〔m〕

【解説】

使用周波数を f〔MHz〕とすると波長 λ〔m〕は次式で表されます．

$$\lambda \fallingdotseq \frac{300}{f} = \frac{300}{21}$$

$$\fallingdotseq 14.3 \,\text{〔m〕}$$

八木アンテナの放射器の長さ ℓ〔m〕は，半波長ダイポール・アンテナと同じで長さで $\frac{\lambda}{2}$ だから，

$$\ell = \frac{\lambda}{2} \fallingdotseq \frac{14}{2}$$

$$= 7 \,\text{〔m〕}$$

【解答】　2

(2) スタック配置

同一特性で利得が同じアンテナの指向性を同じ方向に向けて配置して，電力を分配して給電するアンテナをスタック・アンテナといいます．

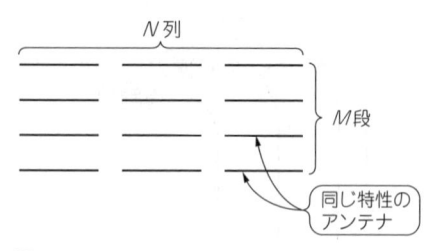

図6.8 スタック・アンテナ

　図6.8の M 段，N 列のアンテナが1本のアンテナに対して増加する利得 G_{sdB} は，次式で表されます．

$$G_{sdB} = 10 \log_{10}(M \times N) \text{〔dB〕} \qquad \cdots\cdots(6\text{-}12)$$

問題10（1アマ）

　利得8〔dB〕の同一特性の八木アンテナ4個を用いて，2列2段スタックの配置とし，各アンテナの給電点が同じ位相となるように給電するとき，このアンテナ（スタック・アンテナ）の総合利得の値として，最も近いものを下の番号から選べ．ただし，$\log_{10} 2 \fallingdotseq 0.3$ とする．

1. 13〔dB〕　　2. 14〔dB〕　　3. 15〔dB〕
4. 16〔dB〕　　5. 17〔dB〕

【解説】

　同一の特性で，利得が同じアンテナを M 段，N 列組み合わせてスタック配置としたとき，利得の増加 G_{sdB} は次式で表されます．

$$\begin{aligned}G_{sdB} &= 10 \log_{10}(M \times N) = 10 \log_{10}(2 \times 2) \\ &= 10 \log_{10} 2 + 10 \log_{10} 2 \fallingdotseq 3 + 3 = 6 \text{〔dB〕}\end{aligned}$$

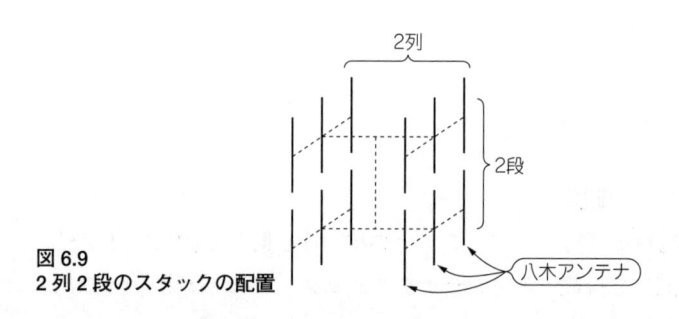

図6.9
2列2段のスタックの配置

利得 G_{dB} の八木アンテナ4個をスタック配置した場合の総合利得 G_{0dB} は，

$G_{0dB} = G_{dB} + G_{sdB} = 8 + 6 = 14 \,[\text{dB}]$

【解答】 2

9. 給電線

(1) 給電線の特性インピーダンス

給電線で高周波を伝送すると，高周波は導線の中を伝わるわけではなく，導線のまわりの空間を電界と磁界の波として伝わります．ただし，アンテナと異なって給電線の2本の導線には逆方向の電流が流れているので，電界や磁界が打ち消し合うことによって，電波の放射は行われません．

給電線を伝わる電圧(電界)と電流(磁界)の比は，給電線の構造で決まる特定の値を持ちます．これを給電線の特性インピーダンスといいます．図 6.10(a)のような構造の平行2線式給電線の特性インピーダンス $Z_0\,[\Omega]$ は，

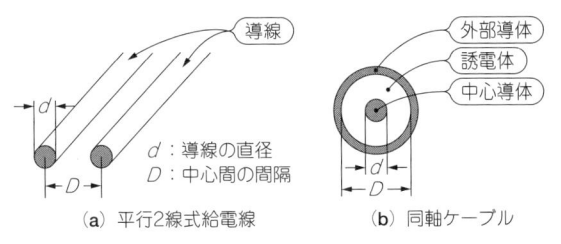

図 6.10 給電線
(a) 平行2線式給電線　(b) 同軸ケーブル
d：導線の直径　D：中心間の間隔

$$Z_0 = 277 \log_{10} \frac{2D}{d} \,[\Omega] \quad \cdots\cdots(6\text{-}13)$$

ただし，$d\,[\text{mm}]$：導線の直径，$D\,[\text{mm}]$：中心間の間隔

図 6.10(b)の同軸ケーブルの特性インピーダンス $Z_0\,[\Omega]$ は，

$$Z_0 = \frac{138}{\sqrt{\varepsilon_s}} \log_{10} \frac{D}{d} \,[\Omega] \quad \cdots\cdots(6\text{-}14)$$

ただし，$d\,[\text{mm}]$：中心導体の直径

　　　　$D\,[\text{mm}]$：外部導体の内側の直径

　　　　ε_s：誘電体の比誘電率

第6章　アンテナ・給電線

問題 11（1アマ）

直径 4〔mm〕の導線を用いた間隔 20〔cm〕の平行 2 線式給電線の特性インピーダンスの値として，最も近いものを下の番号から選べ．

1. 277〔Ω〕　　2. 471〔Ω〕　　3. 554〔Ω〕
4. 600〔Ω〕　　5. 720〔Ω〕

【解説】

導線の直径を $d = 4$〔mm〕，間隔を $D = 20$〔cm〕$= 200$〔mm〕とすると，特性インピーダンス Z_0 は，

$$Z_0 = 277 \log_{10} \frac{2D}{d} = 277 \log_{10} \frac{2 \times 200}{4}$$

$$= 277 \log_{10} 100 = 277 \log_{10} 10^2 = 277 \times 2 = 554 〔Ω〕$$

【解答】　3

特性インピーダンスは，給電線に高周波電圧を加えたときの給電線に発生する電圧（電界）と電流（磁界）の比ですから，テスタで直流抵抗を測定しても特性インピーダンスは測定できません．

問題 12（1アマ）

同軸ケーブルの外部導体の内径 D を直径 6〔mm〕，内部導体の外径 d を 2〔mm〕としたとき，特性インピーダンス Z_0 の値として，最も近いものを下の番号から選べ．ただし，外部導体と内部導体の間に充てんされている誘電体の比誘電率 ε_s は 1 とし，また，特性インピーダンス Z_0 は次式で表される

ものとする．

$$Z_0 = \frac{138}{\sqrt{\varepsilon_s}} \log_{10} \frac{D}{d} \ [\Omega]$$

1. $25\ [\Omega]$ 2. $35\ [\Omega]$ 3. $45\ [\Omega]$
4. $55\ [\Omega]$ 5. $65\ [\Omega]$

【解説】

問題で与えられている式に数値を代入すれば，

$$Z_0 = \frac{138}{\sqrt{\varepsilon_s}} \log_{10} \frac{D}{d} = \frac{138}{\sqrt{1}} \log_{10} \frac{6}{2}$$

$$= 138 \log_{10} 3 \fallingdotseq 138 \times 0.48 = 66.24\ [\Omega]$$

【解答】 5

ε_0 と μ_0

真空中の電波の速度を $c\ [\text{m/s}]$ とすると，次式の関係があります．

$$c = \frac{1}{\sqrt{\varepsilon_0 \mu_0}} \qquad \cdots\cdots(6\text{-}15)$$

ただし，$c = 2.99792458 \times 10^8 \fallingdotseq 3 \times 10^8\ [\text{m/s}]$

ε_0：真空の誘電率，μ_0：真空の透磁率

誘電率が $\varepsilon = \varepsilon_s \varepsilon_0$，透磁率が $\mu = \mu_s \mu_0$ の媒質中では，電波の速度を $v\ [\text{m/s}]$ とすると，

$$v = \frac{1}{\sqrt{\varepsilon \mu}} = \frac{1}{\sqrt{\varepsilon_s \mu_s}} c \qquad \cdots\cdots(6\text{-}16)$$

ただし，ε_s：比誘電率，μ_s：比透磁率

となって，電波が真空以外の媒質中を伝搬するときは，電波の速度が遅くなります．

同軸ケーブルで高周波を伝送すると，高周波は同軸ケーブルの導線の部分を伝わるわけではなくて，誘電体中を電界と磁界の波（電波）として伝搬します．同軸ケーブルの誘電体（絶縁体）に用いられるポリエチレンでは，$\varepsilon_s \fallingdotseq 2.2$，$\mu_s \fallingdotseq 1$ なので，$1/\sqrt{2.2} \fallingdotseq 0.67$ となって，速度が遅くなります．そこで，等価的に同軸ケーブルの長さを短く取り扱うことになり，これを波長短縮率といいます．

(2) 反射係数

　給電線の特性インピーダンスと同じインピーダンス(抵抗)を受端に接続すると送端から給電された電圧や電流はそのまま受端に供給されますが，受端に特性インピーダンス Z_0 と異なるインピーダンスを接続すると，図 6.11 のように受端で反射が生じます．

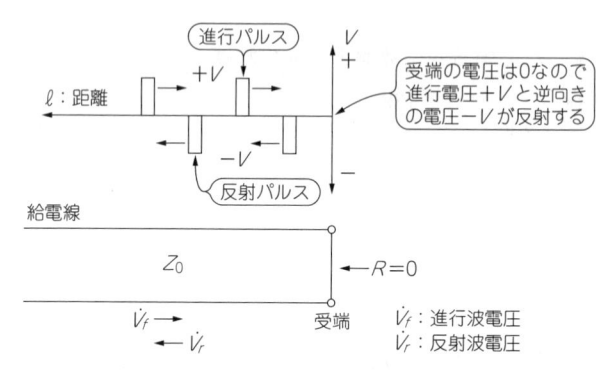

図 6.11　電圧反射係数 (パルス波形の場合)

　送端から受端に向かう入射波電圧を $\dot{V}_f$，受端から反射する反射波電圧を $\dot{V}_r$ とすると，受端に抵抗値が R のインピーダンスを接続したときに，反射波電圧と進行波電圧の比を表す電圧反射係数 Γ は，次式で表されます．

$$\Gamma = \frac{\dot{V}_r}{\dot{V}_f} = \frac{R - Z_0}{R + Z_0} \quad\cdots\cdots(6\text{-}17)$$

　受端を短絡(ショート)した線路では，$R = 0$ だから $\Gamma = -1$，受端を開放した線路では，$R = \infty$(無限大)だから $\Gamma = 1$ となります．図 6.11 のパルス波の場合では，受端を短絡した場合は受端で電圧が 0 となるようなマイナスの極性のパルスが発生します．また，受端を開放した場合は受端で電圧が最大となるようなプラスの極性のパルスの反射波が発生します．

(3) 電圧定在波比(SWR)

　給電線に正弦波の高周波を給電したとき，受端で反射が生じていると，図 6.12 のように給電線上では進行波と反射波の位相差が給電線の特定の位置で一致すると，その位置の電圧が最大の $V_{\max}$ となり，逆に位相差が逆位相になるとその位置の電圧は最小の $V_{\min}$ となります．

9. 給電線

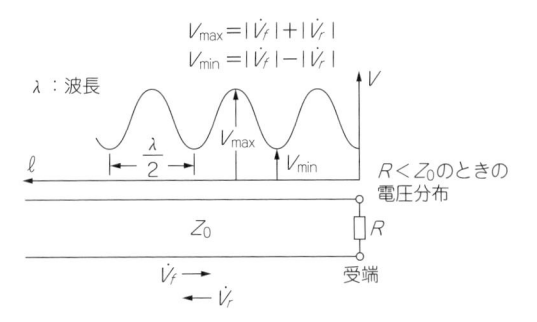

図 6.12　電圧定在波比 (SWR)

このように,線路上に電圧や電流の値が異なる状態が発生した状態を線路上の電圧分布といいます.また,電流の状態を電流分布といいます.

線路に反射があるとき,電圧最大点 $V_{\max}$ と最小点 $V_{\min}$ の比を電圧定在波比といいます.電圧定在波比 S は,次式で表されます.

$$S = \frac{V_{\max}}{V_{\min}} \quad \cdots\cdots (6\text{-}18)$$

① SWR を電圧反射係数 Γ から求める

電圧最大点 $V_{\max}$ は,進行波電圧 $\dot{V}_f$ と反射波電圧 $\dot{V}_r$ の絶対値の和で,最小点 $V_{\min}$ は,進行波電圧と反射波電圧の絶対値の差で表されるので,電圧定在波比 S は次式で表すことができます.

絶対値は進行波や反射波の大きさを表す.

$$S = \frac{V_{\max}}{V_{\min}} = \frac{|\dot{V}_f| + |\dot{V}_r|}{|\dot{V}_f| - |\dot{V}_r|} = \frac{1 + \frac{|\dot{V}_r|}{|\dot{V}_f|}}{1 - \frac{|\dot{V}_r|}{|\dot{V}_f|}}$$

$$= \frac{1 + |\Gamma|}{1 - |\Gamma|} \quad \cdots\cdots (6\text{-}19)$$

受端を短絡,あるいは開放した線路では,$|\Gamma| = 1$ なので $S = \infty$ となります.

② SWR を受端の抵抗値から求める

給電線の受端のインピーダンスは抵抗分とリアクタンス分を持ちますが,1・2 アマの国家試験問題では,抵抗が接続された場合のみについて出題さ

れます．受端に抵抗 R が接続されたとき，電圧反射係数の大きさ $|\Gamma|$ は，$R > Z_0$ のときは，

$$|\Gamma| = \frac{R - Z_0}{R + Z_0} \quad \cdots\cdots(6\text{-}20)$$

(6-19)式に代入して，SWR を求めると，

$$S = \frac{1 + |\Gamma|}{1 - |\Gamma|} = \frac{1 + \dfrac{R - Z_0}{R + Z_0}}{1 - \dfrac{R - Z_0}{R + Z_0}} = \frac{(R + Z_0) + (R - Z_0)}{(R + Z_0) - (R - Z_0)}$$

$$= \frac{R}{Z_0} \quad \cdots\cdots(6\text{-}21)$$

$R < Z_0$ のときは，同じように計算すると，

$$S = \frac{Z_0}{R} \quad \cdots\cdots(6\text{-}22)$$

電圧定在波比は，線路に反射があるとき線路上の電圧の最大値を最小値で割った値なので，1以上の値を持ちます（$1 \leq S \leq \infty$）．そこで，抵抗値 R が Z_0 よりも小さいときは Z_0 を R で割って，R が Z_0 よりも大きいときは R を Z_0 で割って求めます．

問題13 （1アマ）

特性インピーダンスが 50〔Ω〕の給電線に放射抵抗が 36〔Ω〕のアンテナを接続したとき，電圧定在波比（VSWR）の値として，最も近いものを下の番号から選べ．

1. 0.7　2. 1.4　3. 1.7　4. 2.4　5. 6.1

【解説】

アンテナの放射抵抗 R の値が特性インピーダンス Z_0 よりも小さいので（$R < Z_0$），電圧定在波比 S は次式で表されます．

$$S = \frac{Z_0}{R}$$

$$= \frac{50}{36} \fallingdotseq 1.4$$

【解答】 2

③ SWR を進行波と反射波の電力から求める

進行波電力を P_f〔W〕, 反射波電力を P_r〔W〕, 給電線の特性インピーダンスを Z_0, 進行波電圧の大きさを $|\dot{V}_f|$, 受端から反射する反射波電圧の大きさを $|\dot{V}_r|$ とすると, 次式で表されます.

↓直流の電力と同じ計算方法.

$$P_f = \frac{|\dot{V}_f|^2}{Z_0} \text{〔W〕}$$

より,

$$|\dot{V}_f| = \sqrt{P_f Z_0} \text{〔V〕}$$
$$|\dot{V}_r| = \sqrt{P_r Z_0} \text{〔V〕}$$

電圧反射係数の大きさ $|\varGamma|$ は,

$$|\varGamma| = \frac{|\dot{V}_r|}{|\dot{V}_f|} = \frac{\sqrt{P_r Z_0}}{\sqrt{P_f Z_0}} = \sqrt{\frac{P_r}{P_f}}$$

(6-19)式に代入して, SWR を求めると,

$$S = \frac{1 + \sqrt{\dfrac{P_r}{P_f}}}{1 - \sqrt{\dfrac{P_r}{P_f}}} = \frac{\sqrt{P_f} + \sqrt{P_r}}{\sqrt{P_f} - \sqrt{P_r}} \qquad \cdots\cdots(6\text{-}23)$$

問題 14 (1アマ)

給電線およびアンテナの接続部において, CM 形電力計で測定した進行波電力が 100〔W〕, 反射波電力が 4〔W〕であるとき, 接続部における定在波比 (SWR) の値として, 正しいものを下の番号から選べ.

1. 1.08
2. 1.22
3. 1.5
4. 2.5
5. 4.0

【解説】

国家試験では, 測定の範囲の問題として出題されています. 進行波電力を P_f, 反射波電力を P_r とすると, 電圧定在波比 S は,

第6章 アンテナ・給電線

$$S = \frac{1+\sqrt{\dfrac{P_r}{P_f}}}{1-\sqrt{\dfrac{P_r}{P_f}}} = \frac{1+\sqrt{\dfrac{4}{100}}}{1-\sqrt{\dfrac{4}{100}}} = \frac{1+\dfrac{1}{\sqrt{25}}}{1-\dfrac{1}{\sqrt{25}}}$$

↑ $25 = 5 \times 5$ だから,$\sqrt{25} = 5$

$$= \frac{1+\dfrac{1}{5}}{1-\dfrac{1}{5}} = \frac{5+1}{5-1} = \frac{6}{4} = 1.5$$

↑ 分母と分子の全項に5を掛ける.

【解答】 3

第 7 章　電波の伝わり方

1．平面大地上の電界強度

　図 7.1 のような平面大地上の電波の伝搬では，空間を直接伝わる直接波と大地で反射して伝わる大地反射波が受信点に到達します．ある程度離れた距離ならば，それらの電界の大きさはほぼ同じですが，伝搬するときの経路差によって位相がずれてくるので，合成電界強度は直接波の電界強度の 0 から 2 倍まで大きく変化します．

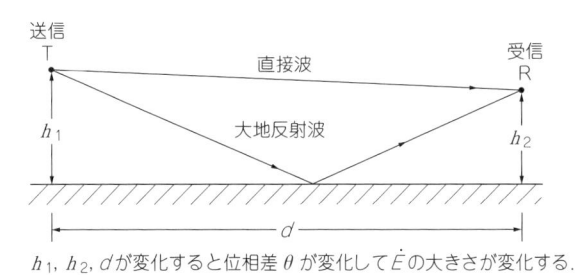

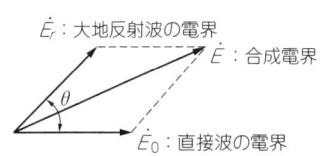

h_1, h_2, d が変化すると位相差 θ が変化して $\dot{E}$ の大きさが変化する．

図 7.1　平面大地上の電波の伝搬

　送受信点間の距離を d，送信，受信アンテナの地上高を h_1, h_2，直接波の電界強度を E_0 とすると，合成電界強度 E は次式で表されます．

$$E = 2E_0 \sin\left|\frac{2\pi h_1 h_2}{\lambda d}\right| \text{〔V/m〕} \quad\cdots\cdots(7\text{-}1)$$

ここで，sin の変数の単位は〔°〕ではなく，ラジアン〔rad〕が用いられます．$\theta \leq 0.5$〔rad〕の条件では，$\sin\theta \fallingdotseq \theta$ が成り立つので，d が遠いときには，電界強度は次式で表されます．

$$E = E_0 \frac{4\pi h_1 h_2}{\lambda d} \text{〔V/m〕} \quad \cdots\cdots(7\text{-}2)$$

弧度法

三角関数などの角度を表すとき，角度の単位をラジアン〔rad〕で表した弧度法が用いられます．**図 7.2** のように半径を 1 とすれば，弧 ℓ の長さが角度 θ を表します．$\theta \leq 0.5$〔rad〕の条件では，$y \fallingdotseq \ell$ だから $\sin\theta \fallingdotseq \theta$ となります．

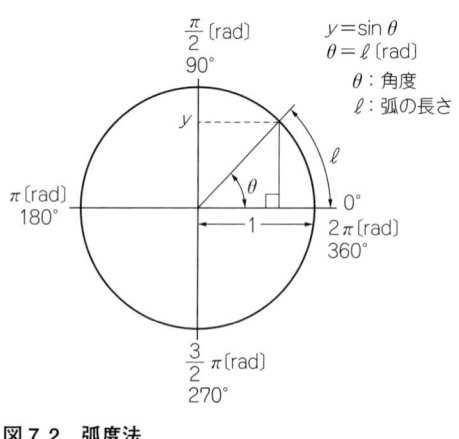

図 7.2 弧度法

問題 1（1 アマ）

相対利得 6〔dB〕，地上高 20〔m〕の送信アンテナに，周波数 150〔MHz〕で 25〔W〕の電力を供給して電波を放射したとき，最大放射方向で送信点から 20〔km〕離れた受信点における電界強度の値として，最も近いものを下の番号から選べ．ただし，受信アンテナの地上高は 10〔m〕とし，受信点の電界強度 E は次式で与えられるものとする．

$$E = E_0 \frac{4\pi h_1 h_2}{\lambda d} \ (\mathrm{V/m}) \qquad \cdots\cdots (7\text{-}3)$$

E_0：直接波の電界強度〔V/m〕

h_1, h_2：送受信アンテナの地上高〔m〕

λ：波長〔m〕

d：送受信点間の距離〔m〕

1. 220〔μV/m〕   2. 440〔μV/m〕
3. 540〔μV/m〕   4. 630〔μV/m〕
5. 1.26〔mV/m〕

【解説】

周波数150〔MHz〕の波長は$\lambda = 2$〔m〕だから，放射電力をP〔W〕，相対利得をG_D，距離をd〔m〕とすると直接波の電界強度E_0は，次式で表されます．

$$E_0 = \frac{7\sqrt{G_D P}}{d} = \frac{7 \times \sqrt{4 \times 25}}{20 \times 10^3}$$

$$E = \frac{7 \times \sqrt{10^2}}{20} \times 10^{-3} \quad \left(\frac{1}{10^3} = 10^{-3} \right)$$

$$= 3.5 \times 10^{-3} \ (\mathrm{V/m})$$

ただし，相対利得6〔dB〕の真数G_Dは，

6〔dB〕= 3〔dB〕+ 3〔dB〕

より，

$G_D = 2 \times 2 = 4$

受信点の電界強度Eは，次式で表されます．

$$E = E_0 \frac{4\pi h_1 h_2}{\lambda d}$$

$$= 3.5 \times 10^{-3} \times \frac{4 \times 3.14 \times 20 \times 10}{2 \times 20 \times 10^3}$$

$$= 3.5 \times 3.14 \times 20 \times 10^{-3-3} \ (\mathrm{V/m})$$

$$\fallingdotseq 220 \ (\mu\mathrm{V/m})$$

【解答】 1

第7章 電波の伝わり方

問題2 (1アマ)

相対利得 3〔dB〕，地上高 20〔m〕の送信アンテナに，周波数 150〔MHz〕で 50〔W〕の電力を供給して電波を放射したとき，最大放射方向における受信電界強度が 40〔dB〕(1〔μV/m〕を 0〔dB〕とする) となる受信点と送信点間の距離の値として，最も近いものを下の番号から選べ．ただし，受信アンテナの地上高は 10〔m〕とし，受信点の電界強度 E は次式で与えられるものとする．

$$E = E_0 \frac{4\pi h_1 h_2}{\lambda d} \text{〔V/m〕}$$

E_0：送信アンテナによる直接波の電界強度〔V/m〕
h_1, h_2：送受信アンテナの地上高〔m〕
λ：波長〔m〕
d：送受信点間の距離〔m〕

1. 11.9〔km〕　　2. 29.7〔km〕　　3. 38.8〔km〕
4. 46.3〔km〕　　5. 51.4〔km〕

【解説】

受信電界強度の値がデシベル E_{dB}〔dBμV/m〕なので，真数 E〔μV/m〕に変換します．

$E_{dB} = 20 \log_{10} E$

$40 = 20 \log_{10} E$

$2 = \log_{10} E$

したがって，

$E = 10^2$〔μV/m〕$= 10^2 \times 10^{-6}$〔V/m〕$= 10^{-4}$〔V/m〕

150〔MHz〕の波長は $\lambda = 2$〔m〕，相対利得 3〔dB〕の真数は $G_D = 2$，また，放射電力を P〔W〕とすると，受信点の電界強度 E〔V/m〕は，

$$E = E_0 \frac{4\pi h_1 h_2}{\lambda d} = \frac{7\sqrt{G_D P}}{d} \times \frac{4\pi h_1 h_2}{\lambda d} = \frac{28\pi h_1 h_2 \sqrt{G_D P}}{\lambda d^2}$$

$$10^{-4} = \frac{28 \times 3.14 \times 20 \times 10 \times \sqrt{2 \times 50}}{2 \times d^2}$$

距離 d〔m〕を求めると，

$$d^2 = 28 \times 3.14 \times 100 \times \sqrt{100} \times 10^4 \quad \downarrow 100 = 10 \times 10$$
$$d^2 ≒ 8.8 \times 10^8$$
$$(2.97 \times 10^4) \times (2.97 \times 10^4) ≒ 8.8 \times 10^8$$

↑ $\sqrt{\,}$ の解を筆算で求めるのは面倒なので，選択肢の方を2乗して答えを見つける．概略の値の $3 \times 3 = 9$ から探せば，すべての選択肢を2乗しなくても見つかる．

したがって，
$$d = 2.97 \times 10^4 \,[\text{m}] = 29.7 \,[\text{km}]$$

【解答】 2

2. 電波の見通し距離

(1) 数学的な見通し距離

地球は球形で，大地は平面ではなく曲がっているために，ある高さから見通せる距離には限界があります．数学的には図 7.3 のように円の接線を引いたときの弧の長さとなりますが，高さ h [m] から見通せる距離を d [km] とすると，次式で表されます．

$$d ≒ \sqrt{2Rh_1}$$

ここで，R は地球の半径で，$R ≒ 6,370$ [km] を代入すると，

$$d ≒ 3.57\sqrt{h_1 \,[\text{m}]} \,[\text{km}] \quad \cdots\cdots (7\text{-}4)$$

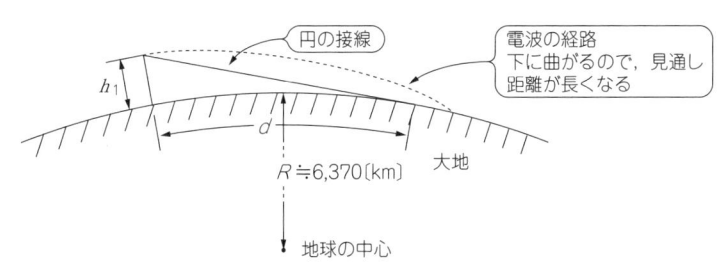

図 7.3 電波の見通し距離

(2) 電波の見通し距離

電波は上空になると薄くなる大気の影響によって，数学的な接線よりも下

側に曲げられて伝搬するので，電波は数学的な見通し距離よりも遠くに伝わります．アンテナの高さを h [m] とすると，電波の見通し距離 d [km] は，大気が標準的な状態の標準大気では地球の半径 R が $K(=\frac{4}{3})$ 倍になったとして求めることができます．

$$d = 3.57\sqrt{K} \times \sqrt{h\,[\text{m}]}\,[\text{km}] = 4.12\sqrt{h\,[\text{m}]}\,[\text{km}] \qquad \cdots\cdots(7\text{-}5)$$

ここで，K は地球の等価半径係数で，標準大気では $K = \frac{4}{3}$ で表されます．送信局のアンテナの高さを h_1 [m]，受信局のアンテナの高さを h_2 [m] とすると，電波の見通し距離 d [km] は次式で表されます．

$$d = 4.12(\sqrt{h_1} + \sqrt{h_2})\,[\text{km}] \qquad \cdots\cdots(7\text{-}6)$$

問題3 (1アマ)

VHF 帯通信において，送信局のアンテナの高さを 16 [m]，受信局のアンテナの高さを 4 [m] としたとき，両局間の最大通信可能距離の値として，最も近いものを下の番号から選べ．ただし，対流圏の大気は正常で，かつ，伝搬路には障害はないものとする．

1. 24 [km]　　2. 36 [km]　　3. 64 [km]
4. 104 [km]　　5. 208 [km]

【解説】

送信局のアンテナの高さを h_1 [m]，受信局のアンテナの高さを h_2 [m] とすると，電波の見通し距離 d [km] は，次式で表されます．

$$\downarrow\ 16 = 4 \times 4,\ 4 = 2 \times 2$$
$$d = 4.12(\sqrt{h_1} + \sqrt{h_2}) = 4.12(\sqrt{16} + \sqrt{4})$$
$$= 4.12 \times (4 + 2) = 4.12 \times 6 \fallingdotseq 24\,[\text{km}]$$

アンテナの高さを [m] の単位で計算すると，距離は [km] の単位になるので，計算するときは注意してください．

【解答】　1

3. 電離層伝搬

電離層は，地上からの高さ約 80 [km] 〜約 400 [km] の距離にある薄い大気がイオン化した層で，電波を反射，屈折，吸収する性質があります．太陽

3. 電離層伝搬

から放射される紫外線やX線などによって，薄い大気中の酸素分子や窒素分子などがイオン化されて生成されます．主に，短波帯（HF：3〔MHz〕～30〔MHz〕）の電波が反射して伝わります．

(1) 臨界周波数

地上から垂直に発射する電波の周波数を高くしていくと，ある周波数以上になると電離層を突き抜けてしまいます．このとき，電離層によって反射する限界の周波数を臨界周波数といいます．電離層は地上からD層，E層およびE_S（スポラジックE）層，F層に分かれますが，それぞれの臨界周波数が異なります．

(2) 最高使用可能周波数（MUF）

電波が斜めに電離層に入射して，電離層に入射する角度が大きくなるほど，臨界周波数よりも高い周波数の電波が反射されるようになります．

ある二つの地点間の短波通信で，電離層反射波で通信ができる最高の周波数をMUFといいます．電離層に入射する電波の角度をθ〔°〕または〔rad〕，臨界周波数をf_C〔MHz〕，MUFをf_M〔MHz〕とすると，次式で表されます．

↓三角関数の公式，$\sec \theta = \dfrac{1}{\cos \theta}$

$$f_M = f_C \sec \theta \ \text{〔MHz〕} \quad \cdots\cdots(7\text{-}7)$$

これを正割法則またはセカント（sec）法則といいます．

図7.4のように，地球表面と電離層を平面とみなしたときの送信点から電

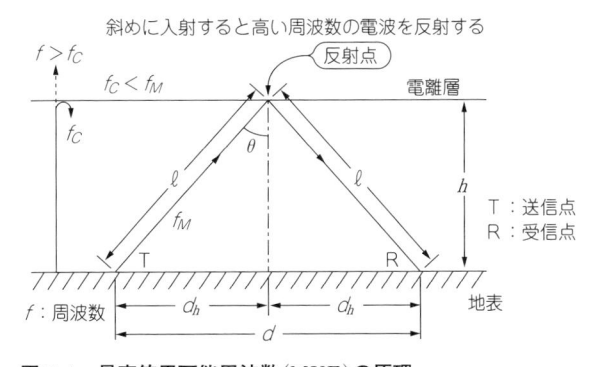

図7.4　最高使用可能周波数（MUF）の原理

離層反射点までの地表の距離を d_h〔km〕とすると，これは送受信点間の距離 d〔km〕の $\frac{1}{2}$ となります．また，電離層の見かけの高さを h〔km〕，送信点から電離層までの電波の経路を ℓ〔km〕とすれば，MUF は次式で表されます．

↓三平方(ピタゴラス)の定理．

$$f_M = f_C \frac{\ell}{h} = f_C \frac{\sqrt{d_h^2 + h^2}}{h} \text{〔MHz〕} \quad \cdots\cdots(7\text{-}8)$$

一般に，ℓ の長さは測れないので，$d_h = \frac{d}{2}$ と h の値から ℓ を求めます．

問題4 (1アマ)

電離層の臨界周波数が 12.6〔MHz〕であるとき，送信点から 800〔km〕離れた地点と交信しようとするときの MUF (最高使用可能周波数) の値として，最も近いものを下の番号から選べ．ただし，電離層の見かけの高さを 300〔km〕として地表は平面とみなす．

1. 7〔MHz〕　　2. 14〔MHz〕　　3. 18〔MHz〕
4. 21〔MHz〕　　5. 28〔MHz〕

【解説】

図 7.5 のように，送受信点間の距離を d とすると，$d_h = \frac{d}{2} = 400$〔km〕なので，電離層の高さを h〔km〕とすると，反射点までの電波経路 ℓ〔km〕は，

$$\ell = \sqrt{d_h^2 + h^2} = \sqrt{400^2 + 300^2}$$
$$= \sqrt{(4^2 + 3^2) \times 100^2} = \sqrt{25} \times 100 = 500 \text{〔km〕}$$

↑ $\sqrt{(4^2 + 3^2)} = 5$ を覚えると計算が楽になる．

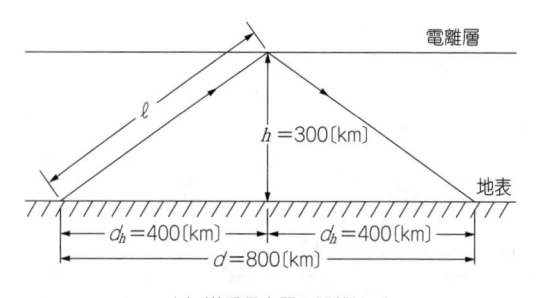

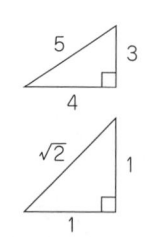

(a) 送受信点間の距離は d

(b) 試験によく出る直角三角形の辺の長さの比

図 7.5　最高使用可能周波数 (MUF) を求める

よって，臨界周波数を f_C，MUF を f_M とすると，

$$f_M = f_C \frac{\ell}{h} = 12.6 \times \frac{500}{300} = \frac{12.6 \times 5}{3}$$

$$= 4.2 \times 5 = 21 \,[\text{MHz}]$$

図 7.5(b) の正三角形の辺の長さの比を覚えておくと計算が楽です．

【解答】　4

(3) 最低使用可能周波数 (LUF)

ある二つの地点間の短波通信で，電離層反射によって通信が可能なとき，使用周波数を低くしていくと，電離層の D 層や E 層を突き抜けるときに受ける減衰が大きくなって通信ができなくなります．この限界の周波数を最低使用可能周波数 (LUF) といいます．

(4) 最適使用周波数 (FOT)

LUF と MUF の間の周波数で通信に最も適した周波数を最適使用周波数 (FOT) といいます．MUF を $f_M\,[\text{MHz}]$，FOT を $f_F\,[\text{MHz}]$ とすると，次式で表されます．

$$f_F = 0.85 f_M \,[\text{MHz}]$$

問題 5 (2アマ)

図 7.6 は，短波 (HF) 帯における，ある 2 地点間の MUF/LUF 曲線の例を示したものであるが，この区間における 16 時 (JST) の最適使用周波数 (FOT)

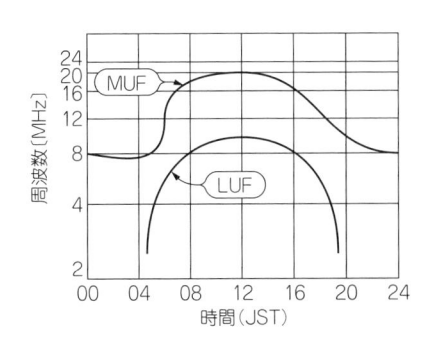

図 7.6

第 7 章　電波の伝わり方

の値として，最も近いものを下の番号から選べ．ただし，MUF は最高使用可能周波数，LUF は最低使用可能周波数を示す．

1. 4〔MHz〕　　2. 7〔MHz〕　　3. 10〔MHz〕
4. 14〔MHz〕　　5. 21〔MHz〕

【解説】

　図 7.6 の横軸が 16 時 (JST) のときの MUF を縦軸の目盛りから読み取ると，$f_M \fallingdotseq 16$〔MHz〕となる，このときの FOT を f_F〔MHz〕とすると，

$\quad f_F = 0.85\, f_M$

$\quad\quad = 0.85 \times 16$

$\quad\quad = 13.6 \fallingdotseq 14$〔MHz〕

【解答】　4

第8章　測定

1. 指示計器

　電気磁気測定の分野の計算問題は，電気回路の計算問題とほぼ同じです．測定で用いる電流計や電圧計などの指示計器は，指針を動かすために微少な電力を消費するので電気回路で考えると抵抗に置き換えることができます．

(1) 可動コイル形電流計

　図 8.1 のような構造で，永久磁石と円筒形の軟鉄心によって放射状に平等な磁界を発生させます．磁界中に置いた可動コイルに測定電流を流すと，電磁力によって生じる回転力とスプリングによって押さえる力が釣り合った位置で指針が止まり，電流の大きさを指示します．指針は電流に比例して動作するので，指示は平等目盛りです．直流電流計として用いられるほかに，抵抗を直列に接続して直流電圧計として，整流用のダイオードを接続して交流電流や交流電圧を測定する計器などに用いられます．

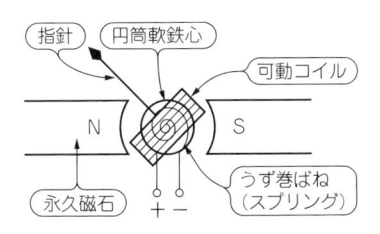

図 8.1　可動コイル形電流計の構造

(2) 分流器

　電流計の測定範囲を広げるために，図 8.2 のように電流計と並列に入れる

抵抗を分流器といいます．電流計と並列に抵抗を入れることによって，抵抗に電流が分流して電流計に流れる電流を小さくすることで，測定範囲を大きくできます．電流計の内部抵抗を r〔Ω〕，測定範囲の倍率を N とすれば，分流器の抵抗 R〔Ω〕は次式で表されます．

$$R = \frac{r}{N-1} \ \text{〔Ω〕} \qquad \cdots\cdots(8\text{-}1)$$

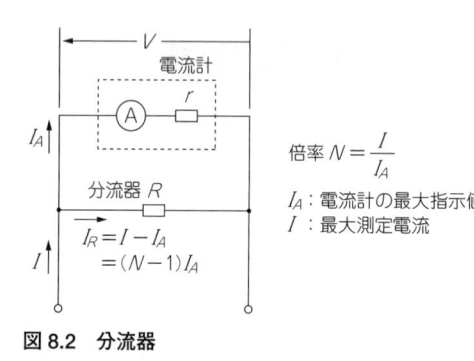

図 8.2　分流器

問題1 (2アマ)

最大指示値が 250〔μA〕で内部抵抗が 504〔Ω〕の電流計を用いて，最大 2〔mA〕まで測定するために必要な分流器の抵抗値として，正しいものを下の番号から選べ．

1. 40.3〔Ω〕　　2. 56.0〔Ω〕　　3. 63.0〔Ω〕
4. 72.0〔Ω〕　　5. 101〔Ω〕

【解説】

電流計の最大指示値を I_A〔A〕，電流計の内部抵抗を r〔Ω〕，最大測定電流を I とすると，測定範囲の倍率 N は次式で表されます．

$$N = \frac{I}{I_A} = \frac{2 \times 10^{-3}}{250 \times 10^{-6}} = \frac{2 \times 10^{-3}}{0.25 \times 10^{-3}} = 8$$

分流器の抵抗 R〔Ω〕は，次式で表されます．

$$R = \frac{r}{N-1} = \frac{504}{8-1} = \frac{504}{7} = 72 \ \text{〔Ω〕}$$

また，分流器の公式を使わなくても，次のように電流計に加わる電圧 V

〔V〕を求めて，解くこともできます．

$$V = I_A r = 250 \times 10^{-6} \times 504 = 0.126 \text{ [V]}$$

分流器の抵抗 R 〔Ω〕は，次式で表されます．

$$R = \frac{V}{I - I_A} = \frac{0.126}{2 \times 10^{-3} - 0.25 \times 10^{-3}} = \frac{0.126}{1.75} \times 10^3$$

$$= \frac{126}{1.75} = 72 \text{ [Ω]}$$

【解答】 4

(3) 倍率器

電圧計の測定範囲を広げるために，図8.3のように電圧計と直列に入れる抵抗を倍率器といいます．電圧計と直列に抵抗を入れることによって，抵抗の電圧降下によって電圧計に加わる電圧を小さくできるので，測定範囲を大きくできます．電圧計の内部抵抗を r 〔Ω〕，測定範囲の倍率を N とすれば，倍率器の抵抗 R 〔Ω〕は次式で表されます．

$$R = (N - 1)r \text{ [Ω]} \quad \cdots\cdots (8\text{-}2)$$

倍率 $N = \dfrac{V}{V_V}$

V_V：電圧計の最大指示値
V ：最大測定電圧

抵抗の比は電圧の比となるので

$$\frac{R}{r} = \frac{V_R}{V_V}$$
$$= \frac{V - V_V}{V_V}$$
$$= \frac{V}{V_V} - 1 = N - 1$$

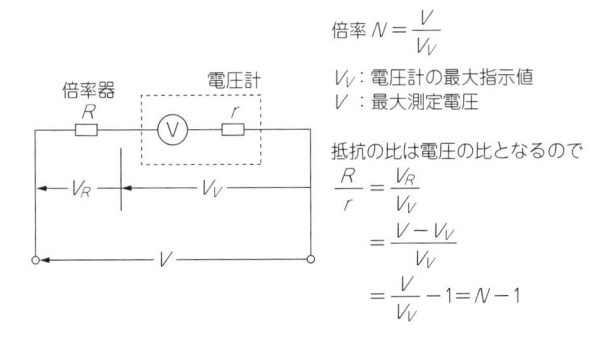

図8.3 倍率器

問題2 (2アマ)

次の記述は，直流電圧計の測定範囲の拡大について述べたものである．□内に入れるべき字句の正しい組み合わせを下の番号から選べ．

最大指示値が1〔V〕で内部抵抗が50〔kΩ〕の直流電圧計に，抵抗値 A

〔kΩ〕の B 器を電圧計に C に接続すると，最大指示値は 15〔V〕となる．

	A	B	C
1.	700	倍率	直列
2.	700	分流	並列
3.	750	倍率	直列
4.	750	分流	並列
5.	800	倍率	直列

【解説】

電圧計の最大指示値を V_V〔V〕，倍率器を接続した後の最大指示値を V〔V〕とすると，測定範囲の倍率 N は次式で表されます．

$$N = \frac{V}{V_V} = \frac{15}{1} = 15$$

電圧計の内部抵抗を r〔kΩ〕とすると，倍率器の抵抗 R〔kΩ〕は，

$R = (N - 1)r$
$\quad = (15 - 1) \times 50 = 14 \times 50 = 700$〔kΩ〕

【解答】　1

問題3 (1アマ)

図 8.4 に示すような，最大指示値 5〔V〕の直流電圧計 V を用いた測定回路において，スイッチ SW を a に接続したとき，測定可能な最大電圧が 20〔V〕であった．スイッチ SW を b に接続したときの測定可能な最大電圧の値として，正しいものを下の番号から選べ．

1. 40〔V〕
2. 45〔V〕
3. 50〔V〕
4. 55〔V〕
5. 60〔V〕

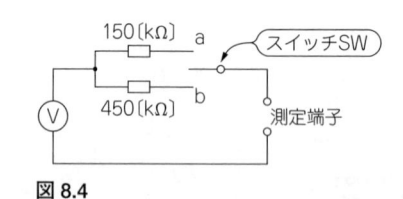

図 8.4

【解説】

スイッチ SW を a に接続したとき，電圧計の最大指示値を V_V〔V〕，測定可能な最大電圧を V_a〔V〕とすると，図 8.5(a) のように表される．各部の電

1. 指示計器

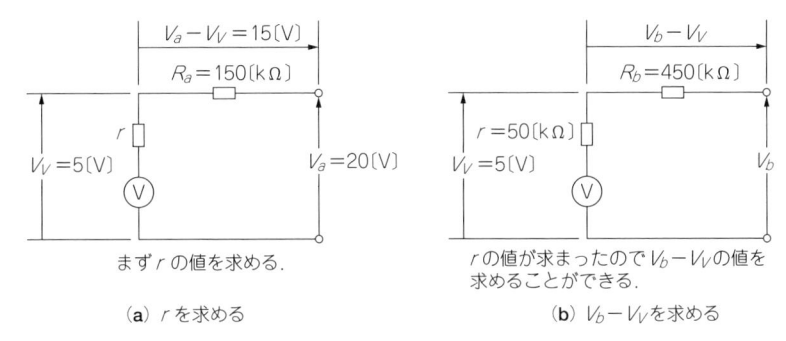

図 8.5 各部の電圧

(a) r を求める
(b) $V_b - V_V$ を求める

圧の比は抵抗の比と等しくなるので，電圧計の内部抵抗を r 〔kΩ〕，倍率器の抵抗を R_a 〔kΩ〕とすると，次式が成り立ちます．

$$\frac{V_a - V_V}{V_V} = \frac{R_a}{r}$$

$$\frac{20 - 5}{5} = \frac{150}{r}$$

よって，

$$r = \frac{150}{3} = 50 \, \text{〔kΩ〕}$$

スイッチ SW を b に接続したときは，次式が成り立ちます．

$$\frac{V_b - V_V}{V_V} = \frac{R_b}{r}$$

$$\frac{V_b - 5}{5} = \frac{450}{50}$$

よって，

$$V_b = 45 + 5 = 50 \, \text{〔V〕}$$

【解答】 3

問題 4 (1アマ)

最大指示値 2.5〔mA〕の可動コイル形直流電流計を用いて，整流器と倍率器を接続し，**図 8.6** に示すような最大指示値が 250〔V〕の交流電圧計を作るため，倍率器として用いられる抵抗の値として，最も近いものを下の番号か

ら選べ．ただし，整流器における損失および直流電流計の内部抵抗は無視するものとする．

1. 90〔kΩ〕
2. 100〔kΩ〕
3. 111〔kΩ〕
4. 135〔kΩ〕
5. 225〔kΩ〕

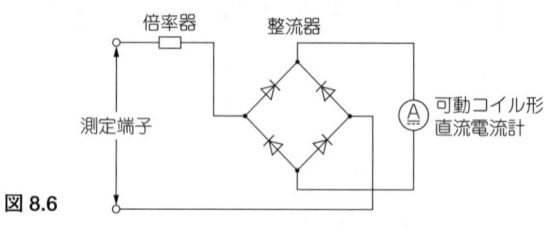

図 8.6

【解説】

可動コイル形直流電流計に脈流電流を流すと，指示値は平均値に比例します．整流回路によって電流計を流れる脈流電流は，**図 8.7**(a) のような全波整流波形となります．最大値を I_m〔A〕とすると，平均値 I_a〔A〕は，

$$I_a = \frac{2}{\pi} I_m \text{〔A〕}$$

I_m の式とすると，

$$I_m = \frac{\pi}{2} I_a \text{〔A〕}$$

交流電流や電圧の指示値は実効値で表されるので，最大値が I_m の電流の実効値 I_e は，

$$I_e = \frac{1}{\sqrt{2}} I_m \text{〔A〕}$$

可動コイル形電流計の最大指示値を I_a〔A〕として，そのときの実効値を求めると，

$$I_e = \frac{1}{\sqrt{2}} I_m = \frac{1}{\sqrt{2}} \times \frac{\pi}{2} I_a \fallingdotseq \frac{3.14}{1.41 \times 2} I_a$$

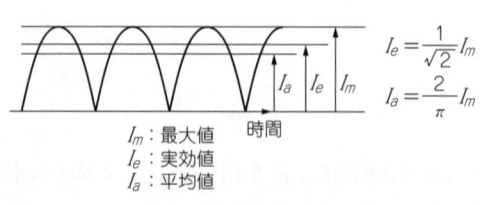

(a) 全波整流波形

(b) 等価回路

図 8.7 脈流電流

↓ 正弦波の（実効値/平均値）≒ 1.11 を波形率という．

≒ $1.11 × 2.5 × 10^{-3} ≒ 2.78 × 10^{-3}$〔A〕

倍率器を接続して電流計として用いるときの等価回路は図 **8.7**（b）のようになるので，電圧の最大指示値を V〔V〕とすると倍率器の抵抗 R〔Ω〕は，

$$R = \frac{V}{I_e} = \frac{250}{2.78 × 10^{-3}} ≒ 90 × 10^3 \text{〔Ω〕} = 90 \text{〔kΩ〕}$$

↑ 分母の指数のマイナスは，分子に持っていくとプラスになる．

【解答】 1

問題 5（1 アマ）

図 **8.8** に示す単相半波整流回路において，交流電源電圧の波形が正弦波でその実効値が 100〔V〕のとき，可動コイル形電流計 M の指示値として，最も近いものを下の番号から選べ．ただし，M の内部抵抗およびダイオード D の順方向抵抗の値は 0 であり，D の逆方向抵抗の値は無限大とする．

1. 0.45〔mA〕
2. 0.7〔mA〕
3. 0.9〔mA〕
4. 1.0〔mA〕
5. 1.4〔mA〕

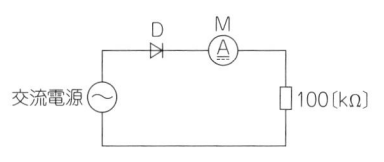

図 8.8

【解説】

交流電源電圧の実効値を V_e〔V〕とすると，最大値 V_m〔V〕は，

$V_m = \sqrt{2}\, V_e ≒ 1.41 × 100 = 141$〔V〕

回路に接続された抵抗を R〔Ω〕とすると，交流電流の最大値 I_m〔A〕は，

$$I_m = \frac{V}{R} = \frac{141}{100 × 10^3} = 1.41 × 10^{-3} \text{〔A〕}$$

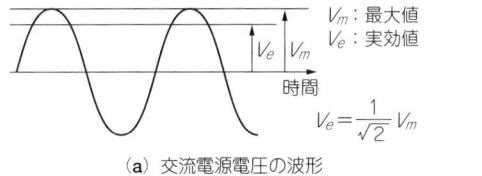

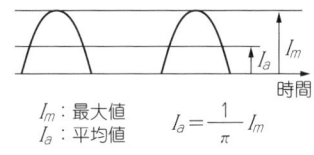

（a）交流電源電圧の波形　V_m：最大値　V_e：実効値　$V_e = \frac{1}{\sqrt{2}} V_m$

（b）整流電流の波形　I_m：最大値　I_a：平均値　$I_a = \frac{1}{\pi} I_m$

図 8.9　各部分の波形

半波整流回路によって電流計を流れる脈流電流の最大値を I_m〔A〕とすると，平均値 I_a〔A〕は，

$$I_a = \frac{1}{\pi} I_m = \frac{1.41}{3.14} \times 10^{-3} \fallingdotseq 0.45 \times 10^{-3} 〔A〕 = 0.45 〔mA〕$$

【解答】　1

2．電力の測定

回路に加わる電圧を V〔V〕，電流を I〔A〕とすると，電力 P〔W〕は次式で表されます．

　　$P = VI$〔W〕　　　　　　　　　　　　　　　　　　　……(8-3)

電流計と電圧計を回路に接続して，それらの測定値から計算によって電力を求めることができますが，測定器の内部抵抗によって誤差が生ずるので，その影響を取り除かなければなりません．

図 8.10(a)の回路では電圧計の内部抵抗により測定誤差が生じるので，電圧計の測定値を V〔V〕，電流計の測定値 I〔A〕，電圧計の内部抵抗を r_V〔Ω〕

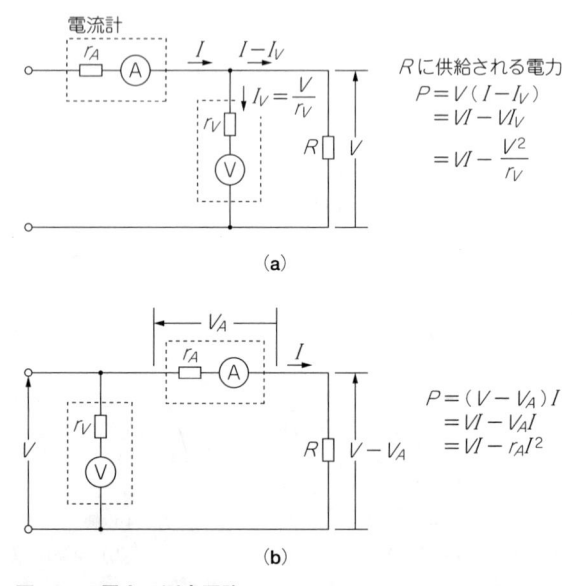

図 8.10　電力の測定回路

とすると，電力 P〔W〕は次式で表されます．

$$P = VI - \frac{V^2}{r_V} \text{〔W〕} \quad \cdots\cdots (8\text{-}4)$$

図 8.10 (b) の回路では電流計の内部抵抗 r_A〔Ω〕により誤差が生じるので，電力 P〔W〕は次式で表されます．

$$P = VI - r_A I^2 \text{〔W〕} \quad \cdots\cdots (8\text{-}5)$$

問題 6（1 アマ）

図 8.11 に示す測定回路において，電流計の指示値を I〔A〕，電圧計の指示値を E〔V〕および電圧計の内部抵抗を r〔Ω〕としたとき，抵抗 R〔Ω〕の消費電力 P〔W〕を表す式として，正しいものを下の番号から選べ．

1. $P = EI - \dfrac{E^2}{r}$
2. $P = EI + I^2 r$
3. $P = EI - I^2 r - \dfrac{E^2}{r}$
4. $P = EI - I^2 r$
5. $P = EI + \dfrac{E^2}{r}$

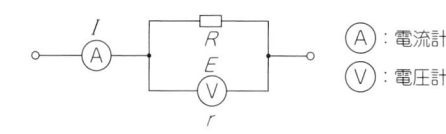

図 8.11

【解答】　1

問題 7（2 アマ）

図 8.12 に示す直流回路において，スイッチ SW を閉じた (ON) とき，負荷の端子電圧値が 15.0〔V〕で負荷に流れる電流が 5〔A〕であった．次にスイッチ SW を開いた (OFF) ときの電圧計の指示値は 18〔V〕であった．電池の内部抵抗 r の値として，正しいものを下の番号から選べ．ただし，電流計の内部抵抗は 0.1〔Ω〕，電圧計の内部抵抗は無限大とし，E_0 は電池の起電力を示す．

1. 0.3〔Ω〕
2. 0.5〔Ω〕
3. 0.6〔Ω〕
4. 0.8〔Ω〕
5. 1.0〔Ω〕

第8章 測定

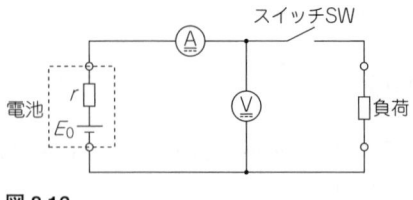

図 8.12

【解説】

スイッチ SW を開いたときの電圧が電池の起電力 E_0 となるので，

$E_0 = 18.0 \,[\text{V}]$

SW を閉じたときの等価回路は，**図 8.13** のようになる．負荷に流れる電流を $I\,[\text{A}]$，電流計の内部抵抗を $r_A\,[\Omega]$ とすると，電流計の電圧降下 $V_A\,[\text{V}]$ は，

$V_A = I r_A = 5 \times 0.1 = 0.5 \,[\text{V}]$

負荷の端子電圧値を $V\,[\text{V}]$ とすると，電池の内部抵抗 $r\,[\Omega]$ は，

$$r = \frac{E_0 - V_A - V}{I}$$

$$= \frac{18 - 0.5 - 15}{5} = \frac{2.5}{5} = 0.5 \,[\Omega]$$

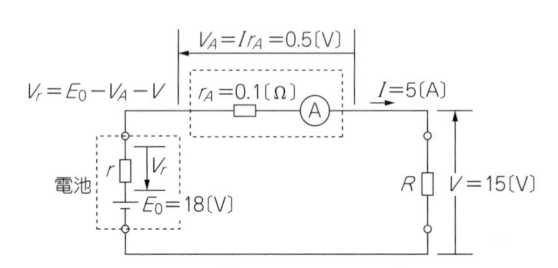

図 8.13　スイッチ SW を閉じたときの等価回路

【解答】　2

3．接地抵抗の測定

接地板の接地抵抗の測定は，測定用の接地棒を用いて行います．1 本の接地棒を用いる方法では，接地棒の接地抵抗が分からないので測定できません．

3. 接地抵抗の測定

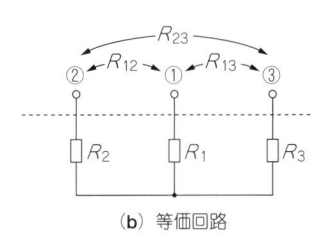

図 8.14　接地板の接地抵抗の測定

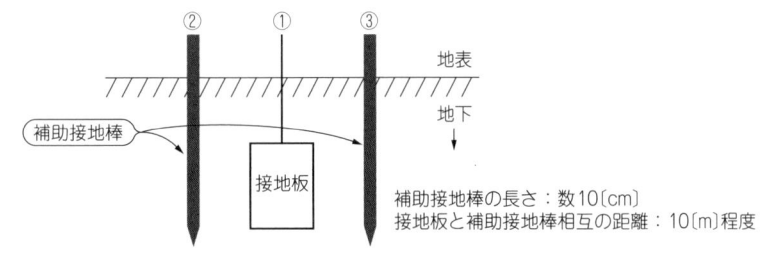

(a) 接地板と2本の補助接地棒

(b) 等価回路

そこで，図 8.14(a)のように 2 本の接地棒を用いて測定します．このとき，等価回路は図 8.14(b)で表されるので，端子①-②の抵抗値を R_{12}〔Ω〕とすると，次式で表されます．

$$R_{12} = R_1 + R_2 \,〔\Omega〕 \qquad \cdots\cdots(8\text{-}6)$$

同じように，端子①-③間，②-③間の抵抗値を R_{13}〔Ω〕，R_{23}〔Ω〕とすると，次式で表されます．

$$R_{13} = R_1 + R_3 \,〔\Omega〕 \qquad \cdots\cdots(8\text{-}7)$$

$$R_{23} = R_2 + R_3 \,〔\Omega〕 \qquad \cdots\cdots(8\text{-}8)$$

これらの式より，

$$R_{12} + R_{13} - R_{23} = (R_1 + R_2) + (R_1 + R_3) - (R_2 + R_3)$$

$$R_{12} + R_{13} - R_{23} = 2R_1$$

したがって，

$$R_1 = \frac{R_{12} + R_{13} - R_{23}}{2} \,〔\Omega〕 \qquad \cdots\cdots(8\text{-}9)$$

問題 8（1 アマ）

図 8.15 は，接地板の接地抵抗を測定するときの概略図である．図 8.15 に

第 8 章　測定

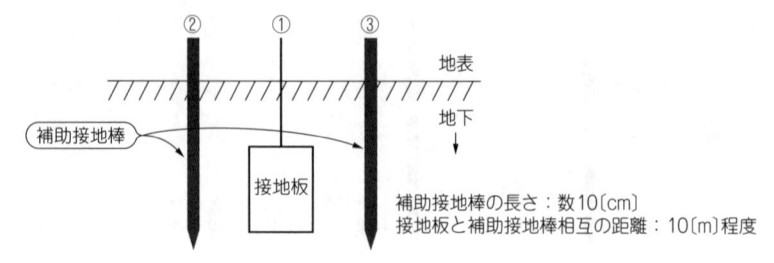

図 8.15

おいて，端子①-②，①-③，②-③間の抵抗値がそれぞれ 0.3〔Ω〕，0.4〔Ω〕，0.5〔Ω〕のとき，端子①に接続された接地板の接地抵抗の値として，正しいものを下の番号から選べ．

1. 0.1〔Ω〕　　2. 0.2〔Ω〕　　3. 0.3〔Ω〕
4. 0.4〔Ω〕　　5. 0.5〔Ω〕

【解説】
　端子①，②，③の接地抵抗を R_1, R_2, R_3〔Ω〕，端子①-②，①-③，②-③間の抵抗値をそれぞれ R_{12}, R_{13}, R_{23}〔Ω〕とすると，

$$R_{12} = R_1 + R_2 = 0.3 〔Ω〕 \quad \cdots\cdots(8\text{-}10)$$
$$R_{13} = R_1 + R_3 = 0.4 〔Ω〕 \quad \cdots\cdots(8\text{-}11)$$
$$R_{23} = R_2 + R_3 = 0.5 〔Ω〕 \quad \cdots\cdots(8\text{-}12)$$

(8-10)式 + (8-11)式 - (8-12)式より，

$$(R_1 + R_2) + (R_1 + R_3) - (R_2 + R_3) = 0.3 + 0.4 - 0.5$$
$$2R_1 = 0.2$$

よって，

$$R_1 = 0.1 〔Ω〕$$

また，(8-9)式に代入して答えを求めることもできます．

【解答】　1

無線工学公式集

ここで紹介する公式集は，問題を解くときに参考にしてください．また，試験直前に見て確認してください．表示のない公式は1・2アマ共通です．1アマの表示がある公式は1アマのみに出題されます．

1. 電気物理

(1) 点電荷間の力

$$F = \frac{Q_1 Q_2}{4 \pi \varepsilon_0 r^2} \ [\text{N}]$$ ……(1アマ)

$$F \fallingdotseq 9 \times 10^9 \times \frac{Q_1 Q_2}{r^2} \ [\text{N}]$$

$F\ [\text{N}]$：力の大きさ
$Q_1,\ Q_2\ [\text{C}]$：点電荷
$r\ [\text{m}]$：距離

$$\varepsilon_0 \fallingdotseq \frac{1}{36\pi} \times 10^{-9} \ [\text{F/m}]$$

ε_0：真空の誘電率

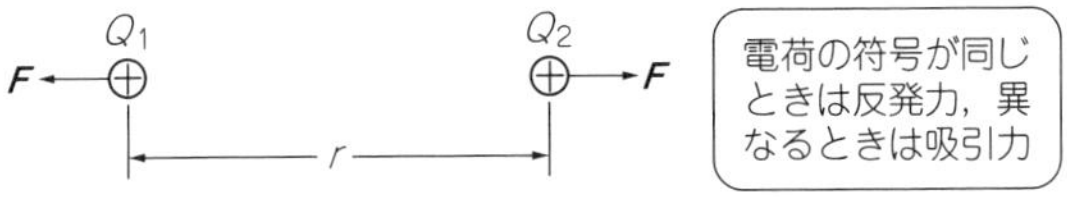

図1 クーロンの法則

電荷の符号が同じときは反発力，異なるときは吸引力

$$E = \frac{Q}{4 \pi \varepsilon_0 r^2} \ [\text{V/m}]$$ ……(1アマ)

$E\ [\text{V/m}]$：電界の大きさ

(2) 磁気に関するクーロンの法則

$$F = \frac{m_1 m_2}{4\pi \mu_0 r^2} \,[\text{N}]$$ ……(1アマ)

$F\,[\text{N}]$：力の大きさ

$m_1, m_2\,[\text{Wb}(ウェーバ)]$：点磁極

$r\,[\text{m}]$：距離

$\mu_0(ミュー) = 4\pi \times 10^{-7}\,[\text{H/m}(ヘンリー毎メートル)]$

μ_0：真空の透磁率

図2
磁気についての
クーロンの法則

$$H = \frac{m}{4\pi \mu_0 r^2} \,[\text{A/m}]$$

$H\,[\text{A/m}]$：磁界の大きさ

(3) 点電荷の電位

$$V = \frac{Q}{4\pi \varepsilon_0 r} \,[\text{V}]$$ ……(1アマ)

$V\,[\text{V}(ボルト)]$：電位

$Q\,[\text{C}]$：点電荷

$r\,[\text{m}]$：距離

(4) 平行平板コンデンサの静電容量

$$C = \varepsilon \frac{S}{d} \,[\text{F}]$$

$C\,[\text{F}]$：静電容量

$S\,[\text{m}^2]$：面積

$d\,[\text{m}]$：間隔

ε：誘電率($= \varepsilon_S \varepsilon_0$)

ε_S：比誘電率

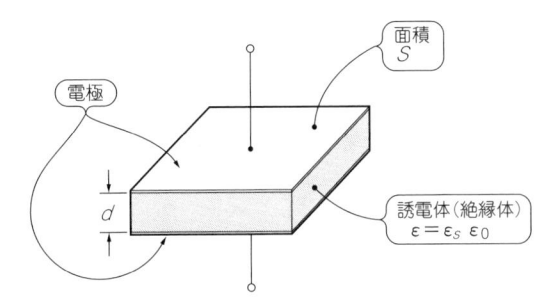

1. 電気物理

図3 平行平板電極の構造

(5) 静電容量

$Q = CV$ 〔C〕

Q〔C〕：電荷

C〔F〕：静電容量

V〔V〕：電圧

(6) コンデンサの直列接続

$$\frac{1}{C_S} = \frac{1}{C_1} + \frac{1}{C_2} + \frac{1}{C_3}$$

C_S〔F〕：合成静電容量

C_1, C_2, C_3〔F〕：静電容量

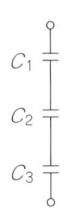

図4 コンデンサの直列接続

(7) 2つのコンデンサの直列接続

$$C_S = \frac{C_1 C_2}{C_1 + C_2} \text{〔F〕}$$

(8) コンデンサの並列接続

$C_P = C_1 + C_2 + C_3$〔F〕

C_P〔F〕：合成静電容量

C_1, C_2, C_3〔F〕：静電容量

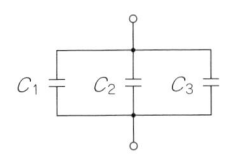

図5 コンデンサの並列接続

(9) 静電エネルギー

$$W = \frac{1}{2}QV = \frac{1}{2}CV^2 \text{〔J〕}$$

W〔J〕(ジュール)：静電エネルギー
Q〔C〕：電荷
V〔V〕：電圧(電位)
C〔F〕：静電容量

(10) 無限長直線電流による磁界

$$H = \frac{I}{2\pi r} \text{〔A/m〕}$$

H〔A/m〕：磁界の強さ
I〔A〕：電流
r〔m〕：距離

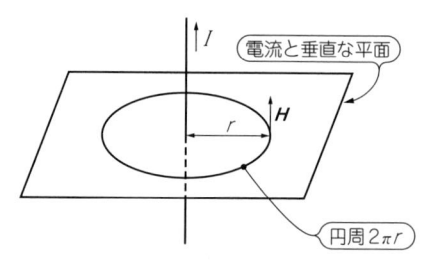

図6　無限長直線電流 I から r 離れた点の磁界

(11) 微小部分の電流による磁界

$$\Delta H = \frac{I\Delta\ell}{4\pi r^2}\sin\theta \text{〔A/m〕} \quad\quad\cdots\cdots(1 \text{アマ})$$

ΔH(デルタ)〔A/m〕：磁界の強さ
I〔A〕：電流
$\Delta\ell$〔m〕：導線の微小部分の長さ
θ(シータ)〔°〕または〔rad〕(ラジアン)：導線からの角度
r〔m〕：距離

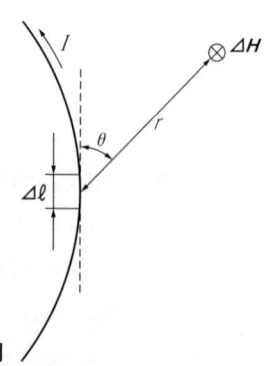

図7
ビオ・サバールの法則

2. 電気回路

(1) オームの法則

$$I = \frac{V}{R} \text{〔A〕}$$

$$R = \frac{V}{I} \text{〔Ω〕}$$

$$V = RI \text{〔V〕}$$

　　I〔A〕：電流
　　V〔V〕：電圧
　　R〔Ω〕：抵抗

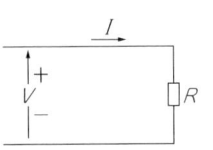

図8　オームの法則

(2) 抵抗の直列接続

$$R_S = R_1 + R_2 + R_3 \text{〔Ω〕}$$

　　R_S〔Ω〕：合成抵抗
　　R_1, R_2, R_3〔Ω〕：抵抗

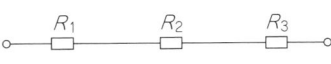

図9　抵抗の直列接続

(3) 抵抗の並列接続

$$\frac{1}{R_P} = \frac{1}{R_1} + \frac{1}{R_2} + \frac{1}{R_3}$$

　　R_P〔Ω〕：合成抵抗
　　R_1, R_2, R_3〔Ω〕：抵抗

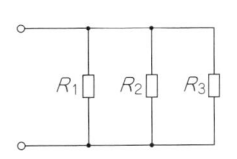

図10　抵抗の並列接続

(4) 2つの抵抗の並列接続

$$R_P = \frac{R_1 R_2}{R_1 + R_2} \text{〔Ω〕}$$

(5) 電圧の分圧

$$V_1 = \frac{R_1}{R_1 + R_2} V \text{〔V〕}$$

$$V_2 = \frac{R_2}{R_1 + R_2} V \;[\text{V}]$$

$V,\; V_1,\; V_2\;[\text{V}]$：電圧

$R_1,\; R_2\;[\Omega]$：抵抗

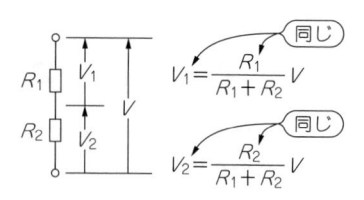

図 11　電圧の分圧

(6) 電流の分流

$$I_1 = \frac{R_2}{R_1 + R_2} I \;[\text{A}]$$

$$I_2 = \frac{R_1}{R_1 + R_2} I \;[\text{A}]$$

$I,\; I_1,\; I_2\;[\text{A}]$：電流

$R_1,\; R_2\;[\Omega]$：抵抗

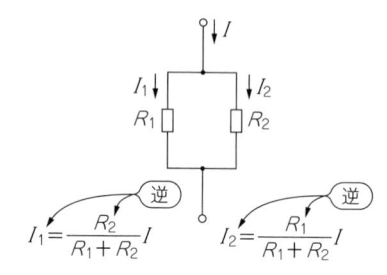

図 12　電流の分流

(7) ミルマンの定理

$$V = \frac{\dfrac{E_1}{R_1} + \dfrac{E_2}{R_2} - \dfrac{E_3}{R_3}}{\dfrac{1}{R_1} + \dfrac{1}{R_2} + \dfrac{1}{R_3}} \;[\text{V}] \qquad \cdots\cdots(1\,\text{アマ})$$

$V\;[\text{V}]$：並列回路の端子電圧

$E_1,\; E_2,\; E_3\;[\text{V}]$：起電力

$R_1,\; R_2,\; R_3\;[\Omega]$：抵抗

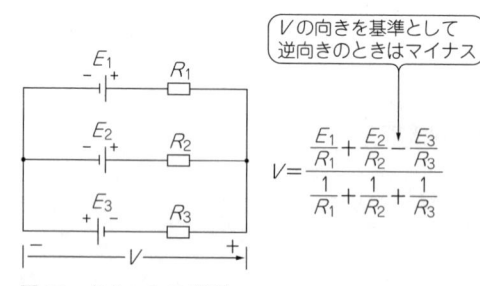

図 13　ミルマンの定理

(8) ブリッジ回路の平衡条件

$$\frac{R_1}{R_2} = \frac{R_3}{R_4}$$

$R_1, R_2, R_3, R_4 \,[\Omega]$：抵抗

回路が平衡したときは，
$I = 0$

$\dfrac{R_1}{R_2} = \dfrac{R_3}{R_4}$

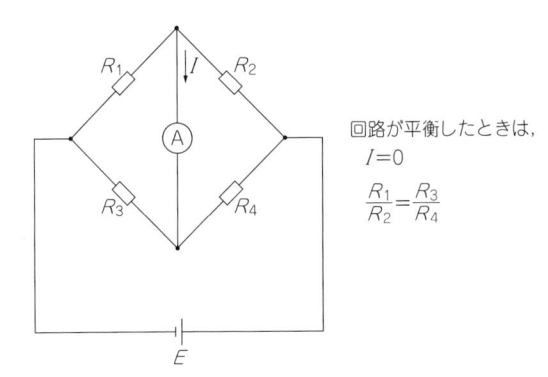

図14 ホイートストン・ブリッジ回路

(9) 直流の電力

$P = VI \,[\mathrm{W}]$

$P = RI^2 \,[\mathrm{W}]$

$P = \dfrac{V^2}{R} \,[\mathrm{W}]$

$P \,[\mathrm{W}]$：電力（ワット）
$V \,[\mathrm{V}]$：電圧
$I \,[\mathrm{A}]$：電流
$R \,[\Omega]$：抵抗

(10) *C-R* 回路の過渡現象

$i = \dfrac{E}{R} e^{-t/T} \,[\mathrm{A}]$ ……(1 アマ)

$i \,[\mathrm{A}]$：時間とともに変化する電流
$E \,[\mathrm{V}]$：起電力
$R \,[\Omega]$：抵抗

e　　：自然対数の底 $(e = 2.718 \cdots)$
T〔s〕(秒)：時定数 $(T = CR)$
C〔F〕：静電容量

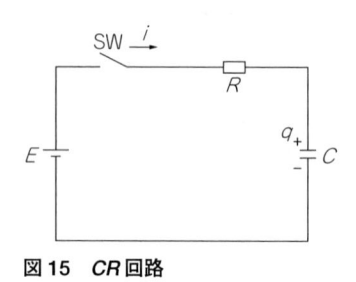

図15　CR回路

(11) L-R回路の過渡現象

$$i = \frac{E}{R}(1 - e^{-t/T}) \text{ 〔A〕} \qquad \cdots\cdots(1\text{アマ})$$

T〔s〕　：時定数 $(T = \dfrac{L}{R})$
L〔H〕(ヘンリー)：インダクタンス

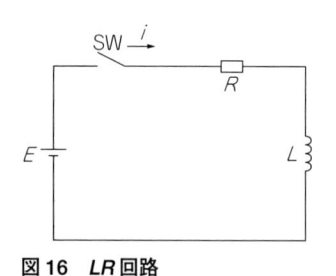

図16　LR回路

(12) 正弦波交流電圧の周波数

$$f = \frac{1}{T} \text{ 〔Hz〕}$$

f〔Hz〕(ヘルツ)：周波数
T〔s〕　：周期

2. 電気回路

(13) 正弦波交流電圧の平均値

$$V_a = \frac{2}{\pi} V_m \fallingdotseq 0.64 V_m \,[\mathrm{V}]$$

$V_a\,[\mathrm{V}]$：平均値　　$V_m\,[\mathrm{V}]$：最大値

(14) 正弦波交流電圧の実効値

$$V_e = \frac{1}{\sqrt{2}} V_m \fallingdotseq 0.71 V_m \,[\mathrm{V}]$$

$V_e\,[\mathrm{V}]$：実効値　　$V_m\,[\mathrm{V}]$：最大値

(15) コイルのリアクタンス

$$jX_L = j\omega L \,[\Omega]$$

$X_L\,[\Omega]$：誘導性リアクタンス
$\omega\,[\mathrm{rad/s}]$（ラジアン）：角周波数($=2\pi f$)
$f\,[\mathrm{Hz}]$：周波数
$L\,[\mathrm{H}]$：インダクタンス
j：虚数単位，電圧は電流よりも位相が90°進む

(16) コンデンサのリアクタンス

$$-jX_C = \frac{1}{j\omega C} = -j\frac{1}{\omega C} \,[\Omega]$$

$X_C\,[\Omega]$：容量性リアクタンス
$C\,[\mathrm{F}]$：静電容量
$-j$：電圧は電流よりも位相が90°遅れる

(17) インピーダンス

$$\dot{Z} = R + j(X_L - X_C) \,[\Omega] \qquad \cdots\cdots(1\,\mathrm{アマ})$$

$\dot{Z}\,[\Omega]$：インピーダンス
$X_L\,[\Omega]$：誘導性リアクタンス
$X_C\,[\Omega]$：容量性リアクタンス

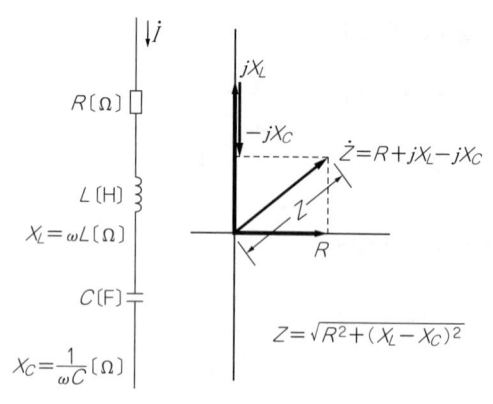

図17 **RLC回路**

(18) インピーダンスの大きさ

$$Z = \sqrt{R^2 + (X_L - X_C)^2} \ [\Omega]$$

$Z(=|\dot{Z}|)$：インピーダンスの大きさ

(19) 直列(並列)共振回路の共振周波数

$$f_r = \frac{1}{2\pi\sqrt{LC}} \fallingdotseq 0.16 \times \frac{1}{\sqrt{LC}} \ [\text{Hz}]$$

f_r〔Hz〕：共振周波数
L〔H〕：インダクタンス
C〔F〕：静電容量

$$f_r \fallingdotseq \frac{160}{\sqrt{L\,[\mu\text{H}]\,C\,[\text{pF}]}} \ [\text{MHz}]$$

(20) 直列共振回路の Q

$$Q_S = \frac{\omega_r L}{R} = \frac{1}{\omega_r CR}$$

……(1 アマ)

Q_S：直列共振回路の Q
ω_r〔rad/s〕$= 2\pi f_r$：共振角周波数
L〔H〕：インダクタンス
R〔Ω〕：抵抗

図18 **直列共振回路**

C〔F〕：静電容量

(21) 並列共振回路の Q

$$Q_P = \frac{R}{\omega_r L} = \omega_r CR \qquad \cdots\cdots (1\,\text{アマ})$$

　　Q_P：並列共振回路の Q

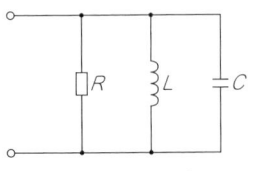

図19　並列共振回路

(22) 変成器結合回路

$$\frac{V_1}{V_2} = \frac{n_1}{n_2} \qquad \frac{I_1}{I_2} = \frac{n_2}{n_1}$$

　　V_1〔V〕，I_1〔A〕：一次側の電圧，電流

　　V_2〔V〕，I_2〔A〕：二次側の電圧，電流

　　n_1，n_2：一次側，二次側のコイルの巻数

$$Z_1 = \left(\frac{n_1}{n_2}\right)^2 Z_2$$

　　Z_1〔Ω〕：一次側からみた二次側のインピーダンス

　　Z_2〔Ω〕：二次側に接続したインピーダンス

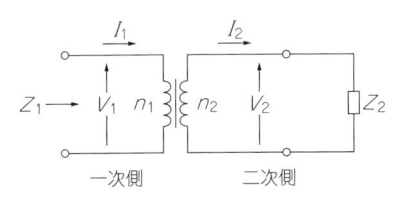

図20　変成器結合回路

(23) 交流の電力

$$P = V_R I = RI^2 \;〔\text{W}〕$$

　　P〔W〕：有効電力(抵抗で消費される電力)

　　V_R〔V〕：抵抗端の電圧

　　I〔A〕　：電流

　　R〔Ω〕　：抵抗

$P_r = V_L I = X_L I^2 \, \text{[var]}$

$P_r \, \text{[var]}$（バール）：無効電力（リアクタンスの電力）

$V_L \, \text{[V]}$：リアクタンス端の電圧

$X \, [\Omega]$：コイル（またはコンデンサ）のリアクタンス

$P_a = VI = ZI^2 \, \text{[VI]}$

$P_a \, \text{[VI]}$（ボルトアンペア）：皮相電力（インピーダンスの電力）

$V \, \text{[V]}$：インピーダンスに加わる電圧

$Z \, [\Omega]$：インピーダンス

$\cos\theta = \dfrac{P}{P_a}$

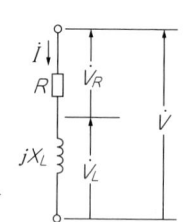

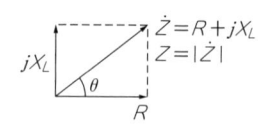

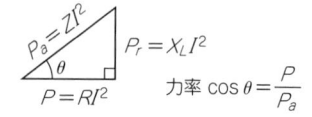

$\cos\theta$：力率

図21　交流の電力

3．半導体・電子回路

(1) トランジスタのベース接地電流増幅率

$\alpha = \dfrac{\Delta I_C}{\Delta I_E}$

α（アルファ）：ベース接地電流増幅率

$\Delta I_C \, \text{[A]}$（デルタ）：コレクタ電流の微小な変化

$\Delta I_E \, \text{[A]}$：エミッタ電流の微小な変化

3. 半導体・電子回路

(2) トランジスタのエミッタ接地電流増幅率

$$\beta = \frac{\varDelta I_C}{\varDelta I_B}$$

$\overset{\text{ベータ}}{\beta}$：エミッタ接地電流増幅率

$\varDelta I_B \text{〔A〕}$：ベース電流の微小な変化

$$\beta = \frac{\alpha}{1 - \alpha}$$

(3) トランジスタのエミッタ接地増幅回路

$$A_P = h_{fe}{}^2 \times \frac{R_L}{h_{ie}}$$

A_P：電力利得

$R_L \text{〔Ω〕}$：負荷抵抗

h_{fe}：エミッタ接地の電流増幅率

$h_{ie} \text{〔Ω〕}$：エミッタ接地の入力インピーダンス

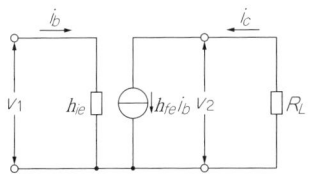

<!-- 増幅回路図: v1, h_ie, h_fe i_b, v2, R_L -->

v_1：入力電圧
v_2：出力電圧
i_b：ベース電流
i_c：コレクタ電流

図 22　増幅回路

(4) FET 増幅回路

$$A_V = g_m R_P \qquad \cdots\cdots (1 \text{アマ})$$

$$R_P = \frac{r_d R_L}{r_d + R_L}$$

A_V：電圧増幅度

$r_d \text{〔Ω〕}$：ドレイン抵抗

$R_L \text{〔Ω〕}$：負荷抵抗

$R_P \text{〔Ω〕}$：r_d と R_L の並列抵抗

$g_m \text{〔S〕}$：相互コンダクタンス

$r_d \gg R_L$ の条件では,

$A_V = g_m R_L$

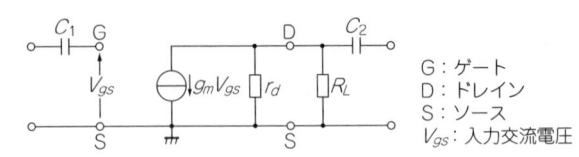

図23　FET増幅回路

G：ゲート
D：ドレイン
S：ソース
V_{gs}：入力交流電圧

(5) OPアンプの反転増幅回路

$$A_V = \frac{R_2}{R_1}$$ ……(1アマ)

A_V：電圧増幅度
$R_1,\ R_2\,[\Omega]$：帰還抵抗

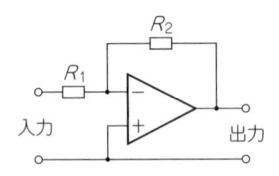

図24　反転増幅回路

(6) OPアンプの非反転増幅回路

$$A_V = 1 + \frac{R_2}{R_1}$$ ……(1アマ)

A_V：電圧増幅度
$R_1,\ R_2\,[\Omega]$：帰還抵抗

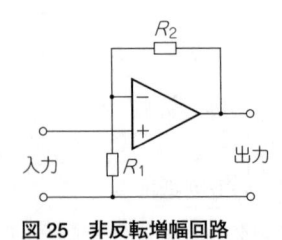

図25　非反転増幅回路

4. 送信機・受信機

(1) 振幅変調

$$P_{AM} = P_c\left(1 + \frac{m^2}{2}\right) [\text{W}]$$

$P_{AM}[\text{W}]$：振幅変調された振幅変調波の電力
$P_c[\text{W}]$　：搬送波電力
m　：変調度

$P_d = \dfrac{m^2}{4}P_c$　　P_c　　$P_u = \dfrac{m^2}{4}P_c$

振幅変調波の電力
$P_{AM} = P_c + P_d + P_u$

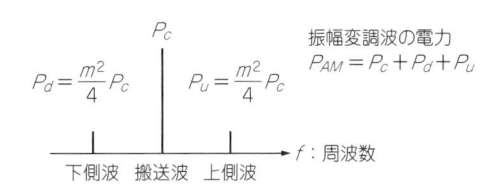

f：周波数
下側波　搬送波　上側波

図26　振幅変調波

(2) 受信機の影像周波数

$f_L < f_R$ のとき

$f_U = f_L - f_I = f_R - 2f_I$

レベル　$f_L < f_R$

f_I　　f_U　f_L　f_R

$f_U = f_R - 2f_I$

レベル　$f_L > f_R$

f_I　　f_R　f_L　f_U

$f_U = f_R + 2f_I$

図27　受信機の影像周波数

$f_L > f_R$ のとき

$\qquad f_U = f_L + f_I = f_R + 2f_I$

$\qquad\qquad f_L \text{[Hz]}$：局部発振器の発振周波数

$\qquad\qquad f_R \text{[Hz]}$：受信電波の周波数

$\qquad\qquad f_U \text{[Hz]}$：影像妨害波の周波数

$\qquad\qquad f_I \text{[Hz]}$：中間周波数

5．電源

(1) 変圧器の効率

$$\eta = \frac{P_2}{P_1} \times 100 \text{[\%]}$$

$\qquad\qquad \underset{\text{イータ}}{\eta} \text{[\%]}$：変圧器の効率

$\qquad\qquad P_1 \text{[W]}$：一次側に供給する電力

$\qquad\qquad P_2 \text{[W]}$：二次側で消費する電力

(2) 半波整流回路

$$V_a = \frac{1}{\pi} V_m \fallingdotseq 0.32 V_m \text{[V]}$$

$\qquad\qquad V_a \text{[V]}$：脈流電圧の平均値

$\qquad\qquad V_m \text{[V]}$：入力交流電圧の最大値

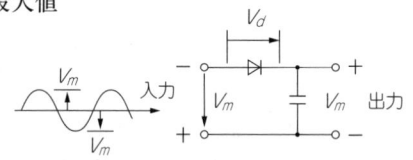

(a) 単相半波整流回路

(b) 単相全波整流回路

(c) 単相ブリッジ整流回路

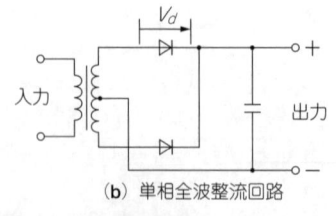

図28　各種整流回路

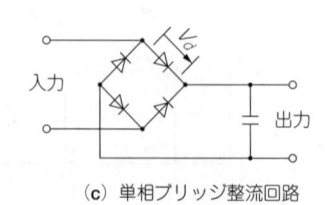

$$V_d = 2V_m = 2\sqrt{2}\,V_e \fallingdotseq 2.8V_e\,\mathrm{[V]}$$

$V_d\,\mathrm{[V]}$：ダイオードに加わる最大尖頭逆電圧

$V_e\,\mathrm{[V]}$：入力交流電圧の実効値

(3) 全波整流回路(ブリッジ整流回路)

$$V_a = \frac{2}{\pi}\,V_m \fallingdotseq 0.64V_m\,\mathrm{[V]}$$

$$V_d = V_m = \sqrt{2}\,V_e \fallingdotseq 1.4V_e\,\mathrm{[V]}$$

(4) 整流電源回路の出力電圧のリプル率

$$\gamma = \frac{V_e}{V_D} \times 100\,\mathrm{[\%]} \quad \cdots\cdots(1\,\mathrm{アマ})$$

γ(ガンマ)〔％〕(パーセント)：リプル率(リプル含有率)

$V_e\,\mathrm{[V]}$：交流分の実効値

$V_D\,\mathrm{[V]}$：直流電圧

(5) 整流電源回路の出力電圧の電圧変動率

$$\delta = \frac{V_0 - V_S}{V_S} \times 100\,\mathrm{[\%]} \quad \cdots\cdots(1\,\mathrm{アマ})$$

δ(デルタ)〔％〕：電圧変動率

$V_0\,\mathrm{[V]}$：出力電流 $I = 0$ のときの出力電圧

$V_S\,\mathrm{[V]}$：定格負荷を接続したときの出力電圧

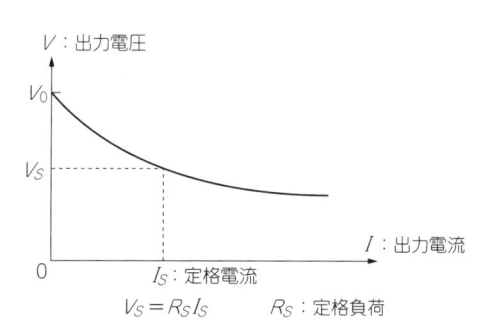

図 29
出力電流特性

$V_S = R_S I_S$　　R_S：定格負荷

6. アンテナ・給電線・電波の伝わり方

(1) 電波の波長

$$\lambda = \frac{c}{f} \fallingdotseq \frac{3 \times 10^8}{f} \ [\text{m}]$$

λ (ラムダ) [m]：電波の波長
c [m/s]：電波の速度
f [Hz]：電波の周波数

$$\lambda \fallingdotseq \frac{300}{f \ [\text{MHz}]} \ [\text{m}]$$

(2) 半波長ダイポール・アンテナ

$$\dot{Z}_D = R_r + jX = 73.13 + j42.55 \ [\Omega]$$

$\dot{Z}_D$ [Ω]：半波長ダイポール・アンテナのインピーダンス
R_r [Ω]：放射抵抗
X [Ω]：放射リアクタンス

(3) 1/4波長垂直接地アンテナ

$$\dot{Z}_H = R_r + jX = 36.57 + j21.28 \ [\Omega]$$

$\dot{Z}_H$ [Ω]：垂直接地アンテナのインピーダンス

(4) 放射電力

$$P = I^2 R_r$$

P [W]：放射電力
I [A]：給電電流
R_r [Ω]：放射抵抗

(5) アンテナの放射効率

$$\eta = \frac{R_r}{R_r + R_\ell} \times 100 \ [\%] \qquad \cdots\cdots (1\text{アマ})$$

$\overset{イータ}{\eta}$〔％〕：アンテナの放射効率

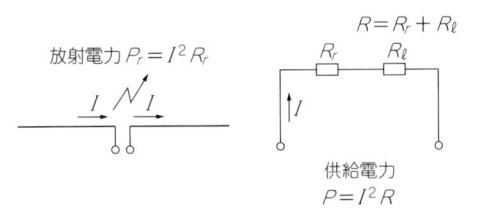

R_ℓ〔Ω〕：損失抵抗

図30　アンテナの等価回路

(6) 利得

〔受信電界強度が同じ場合〕

$$G = \frac{P_0}{P}$$

$$G_{dB} = 10 \log_{10} \frac{P_0}{P} \text{〔dB〕}$$

　　G：アンテナの利得

　　G_{dB}：アンテナの利得のデシベル値

　　P_0〔W〕：基準アンテナの電力

　　P〔W〕：試験する(供試)アンテナの電力

〔送信電力が同じ場合〕

$$G = \left(\frac{E}{E_0}\right)^2$$

$$G_{dB} = 20 \log_{10} \frac{E}{E_0}$$

　　E_0〔V/m〕：基準アンテナからの電界強度

　　E〔V/m〕：試験する(供試)アンテナからの電界強度

(7) 電界強度

$$E = \frac{7\sqrt{G_D P}}{d} \ [\text{V/m}]$$ ……(1アマ)

$E\,[\text{V/m}]$：電界強度
G_D：相対利得
$P\,[\text{W}]$：放射電力
$d\,[\text{m}]$：距離

(8) 半長波ダイポール・アンテナの実効長

$$\ell_e = \frac{\lambda}{\pi} \ [\text{m}]$$ ……(1アマ)

$\ell_e\,[\text{m}]$：半長波ダイポール・アンテナの実効長(実効高)
$\lambda\,[\text{m}]$：波長

(9) 受信アンテナの誘起電圧

$$e = E\ell_e \ [\text{V}]$$ ……(1アマ)

$e\,[\text{V}]$：アンテナに誘起する起電力
$E\,[\text{V/m}]$：電界強度
$\ell_e\,[\text{m}]$：実効長(実効高)

(10) スタック配置

$$G_{sdB} = 10\log_{10}(M \times N) \ [\text{dB}]$$ ……(1アマ)

$G_{sdB}\,[\text{dB}]$：1本のアンテナに対して増加する利得
$M,\ N$：M段，N列のスタック・アンテナ

(11) 平行2線式給電線

$$Z_0 = 277\log_{10}\frac{2D}{d} \ [\Omega]$$ ……(1アマ)

$Z_0\,[\Omega]$：平行2線式給電線の特性インピーダンス
$D\,[\text{mm}]$：導線の中心間の間隔
$d\,[\text{mm}]$：導線の直径

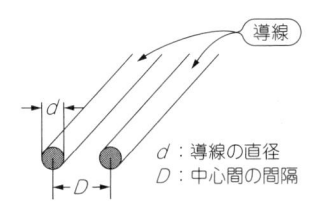

6. アンテナ・給電線・電波の伝わり方

図31　平行2線式給電線

(12) 同軸ケーブル

$$Z_0 = \frac{138}{\sqrt{\varepsilon_s}} \log_{10} \frac{D}{d} \ [\Omega] \qquad \cdots\cdots(1\ \text{アマ})$$

$Z_0\ [\Omega]$：同軸ケーブルの特性インピーダンス

$D\ [\text{mm}]$：外部導体の内側の直径

$d\ [\text{mm}]$：中心導体の直径

ε_s：誘電体の比誘電率

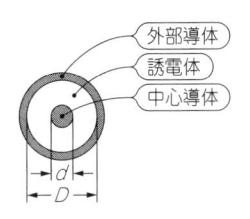

図32　同軸ケーブル

(13) 電圧反射係数

$$\Gamma = \frac{\dot{V}_r}{\dot{V}_f} \qquad \cdots\cdots(1\ \text{アマ})$$

Γ：電圧反射係数

$\dot{V}_r\ [\text{V}]$：反射波電圧

$\dot{V}_f\ [\text{V}]$：進行波電圧

$$|\Gamma| = \sqrt{\frac{P_r}{P_f}} \qquad \cdots\cdots(1\ \text{アマ})$$

$P_r\ [\text{W}]$：反射波電力

$P_f\ [\text{W}]$：進行波電力

(14) 電圧定在波比

$$S = \frac{V_{\max}}{V_{\min}} \qquad \cdots\cdots(1\,アマ)$$

S：電圧定在波比
$V_{\max}\,\text{〔V〕}$：給電線上の電圧最大点の電圧
$V_{\min}\,\text{〔V〕}$：給電線上の電圧最小点の電圧

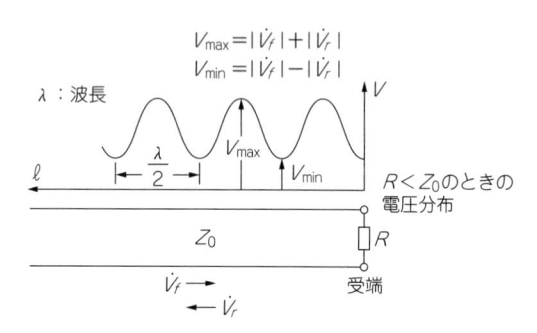

図33　電圧定在波比(SWR)

$R > Z_0$ のとき，

$$S = \frac{R}{Z_0} \qquad \cdots\cdots(1\,アマ)$$

$R < Z_0$ のとき，

$$S = \frac{Z_0}{R} \qquad \cdots\cdots(1\,アマ)$$

$R\,\text{〔Ω〕}$：受端の抵抗
$Z_0\,\text{〔Ω〕}$：給電線の特性インピーダンス

$$S = \frac{1 + |\Gamma|}{1 - |\Gamma|} = \frac{1 + \sqrt{\dfrac{P_r}{P_f}}}{1 - \sqrt{\dfrac{P_r}{P_f}}} \qquad \cdots\cdots(1\,アマ)$$

Γ：電圧反射係数
$P_f\,\text{〔W〕}$：進行波電力
$P_r\,\text{〔W〕}$：反射波電力

6. アンテナ・給電線・電波の伝わり方

(15) 平面大地上の電界強度

$d \gg h_1$, $d \gg h_2$ の条件では，

$$E = E_0 \frac{4\pi h_1 h_2}{\lambda d} \; [\text{V/m}] \quad\quad \cdots\cdots(1 \text{アマ})$$

$E\;[\text{V/m}]$：直接波と反射波の合成電界強度
$E_0\;[\text{V/m}]$：直接波の電界強度
$d\;[\text{m}]$：送受信点間の距離
$h_1, h_2\;[\text{m}]$：送信，受信アンテナの地上高

(16) 地球の大地上における電波の見通し距離

$$d = 4.12(\sqrt{h_1} + \sqrt{h_2})\;[\text{km}] \quad\quad \cdots\cdots(1 \text{アマ})$$

$d\;[\text{km}]$：送受信点間の電波の見通し距離
$h_1, h_2\;[\text{m}]$：送信，受信アンテナの地上高

(17) 最高使用可能周波数(MUF)

$$f_M = f_C \sec\theta \;[\text{MHz}] \quad\quad \cdots\cdots(1 \text{アマ})$$

$f_M\;[\text{MHz}]$：最高使用可能周波数
$f_C\;[\text{MHz}]$：臨界周波数
$\theta\;[°]$ または $[\text{rad}]$：電離層に入射する電波の角度

$$f_M = f_C \frac{\ell}{h} = f_C \frac{\sqrt{d_h{}^2 + h^2}}{h} \;[\text{MHz}] \quad\quad \cdots\cdots(1 \text{アマ})$$

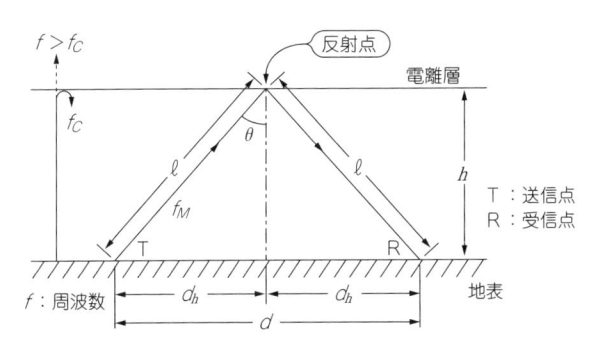

図34 最高使用可能周波数(MUF)の原理

ℓ 〔km〕：送信点から電離層までの電波の経路

h 〔km〕：電離層の見かけの高さ

d_h 〔km〕：送信点から電離層反射点までの地表の距離

$$d_h = \frac{d}{2} \text{〔km〕}$$

d 〔km〕：送受信点間の距離

(18) 最適使用周波数（FOT）

$$f_F = 0.85 f_M \text{〔MHz〕}$$

f_F 〔MHz〕：最適使用周波数

f_M 〔MHz〕：最高使用可能周波数

7．測定

(1) 分流器

$$R = \frac{r}{N-1} \text{〔Ω〕}$$

R 〔Ω〕：分流器の抵抗

r 〔Ω〕：電流計の内部抵抗

N：測定範囲の倍率

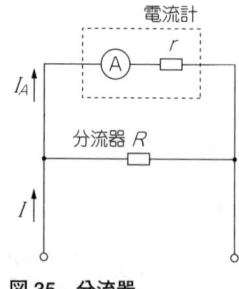

倍率 $N = \dfrac{I}{I_A}$

I_A：電流計の最大指示値
I：最大測定電流

図35　分流器

(2) 倍率器

$$R = (N-1)r \text{〔Ω〕}$$

図36　倍率器

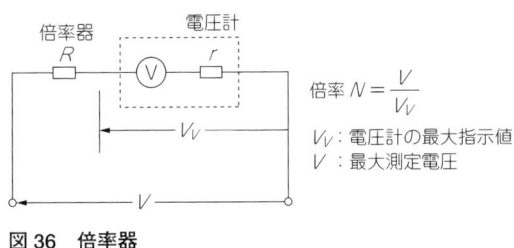

R〔Ω〕：倍率器の抵抗
r〔Ω〕：電圧計の内部抵抗
N：測定範囲の倍率

倍率 $N = \dfrac{V}{V_V}$

V_V：電圧計の最大指示値
V：最大測定電圧

(3) 全波整流電流の指示値

$I_a ≒ 1.11 I_e$〔A〕　　　……（1アマ）

I_a〔A〕：可動コイル形電流計の指示値（正弦波交流を全波整流した脈流電流の平均値）

I_e〔A〕：正弦波交流の実効値

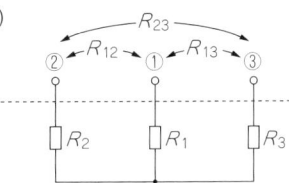

(4) 接地抵抗の測定

$R_1 = \dfrac{R_{12} + R_{13} - R_{23}}{2}$ 〔Ω〕

R_{12}, R_{13}, R_{23}〔Ω〕：各端子間の抵抗値
R_1〔Ω〕：接地板の接地抵抗

R_1：接地板の接地抵抗
R_2, R_3：補助接地棒の接地抵抗

図37　接地抵抗の測定

8. log と $\sqrt{}$

(1) 指数の計算

$x^1 = x$
$x^2 = x \times x$
$x^3 = x \times x \times x$

を x の累乗といいます．また，累乗の数の 1, 2, 3 を指数といいます．

〔指数計算の公式〕

$$x^m \times x^n = x^{m+n}$$

$$x^m \div x^n = \frac{x^m}{x^n} = x^{m-n}$$

$$\frac{1}{x^n} = x^{-n}$$

↑分母の指数を分子に移すと＋－の符号が逆になる．

$$x^0 = 1$$

〔計算例〕

$$10^6 \times 10^3 = 10^{6+3} = 10^9$$

$$\frac{1}{10^{-6}} = \frac{1 \times 10^6}{10^{-6} \times 10^6} = 10^6$$

(2) ルートの計算

$y^2 = x$ の関係があるときに，

$$y = \sqrt{x}$$

と表して，y を x のルートといいます．ルートを指数で表すと，

$$y = x^{1/2}$$

と表すことができます．

〔計算例〕

$$\sqrt{4} = \sqrt{2^2} = 2$$

$$\sqrt{100} = \sqrt{10^2} = 10$$

〔$\sqrt{}$ の数値 (約の数値もある)〕

x	1	2	3	4	10	16	100
$\sqrt{x}$	1	1.41	1.73	2	3.16	4	10

(3) log

$10^y = x$ の関係があるときに，

$$y = \log_{10} x$$

と表して，y を x の常用対数といいます．

〔log の公式〕

$$\log_{10}(a \times b) = \log_{10} a + \log_{10} b$$

↑ 真数の掛け算は log の足し算．

$$\log_{10} a^b = b \times \log_{10} a$$

$$\log_{10} \frac{a}{b} = \log_{10} a - \log_{10} b$$

〔計算例〕

$$\log_{10} 5 = \log_{10}(10 \div 2) = \log_{10} 10 - \log_{10} 2$$
$$\fallingdotseq 1 - 0.301 = 0.699$$

$$\log_{10} 4 = \log_{10}(2 \times 2) = \log_{10} 2 + \log_{10} 2$$
$$\fallingdotseq 0.301 + 0.301 = 0.602$$

$$\log_{10} 100 = \log_{10} 10^2$$
$$= 2 \times \log_{10} 10 = 2 \times 1 = 2$$

〔log の数値(約の数値もある)〕

x	1/2	1	2	3	4	5	10	20	100
y	-0.301	0	0.301	0.477	0.602	0.699	1	1.301	2

(4) デシベル

電力や電圧の比を表すのにデシベルを用います．電圧比を A_V とすると，電圧比のデシベル A_{dB} は，次式で表されます．

$$A_{dB} = 20 \log_{10} A_V \text{〔dB〕}$$

電力比を G とすると，電力比のデシベル G_{dB} は，次式で表されます．

$$G_{dB} = 10 \log_{10} G \text{〔dB〕}$$

〔dB の数値（約の数値もある）〕

比	1/2	1	2	3	4	5	10	20	100
電力	−3	0	3	4.8	6	7	10	13	20
電圧	−6	0	6	9.6	12	14	20	26	40

〔計算例〕

電力比 $G = 400$ のデシベル G_{dB} を求めると，

$G = 400 = 2 \times 2 \times 100$

　　　　↑ 真数の掛け算はデシベルの足し算．

$G_{dB} = 3 + 3 + 20 = 26 \,\text{〔dB〕}$

電圧比 $A_{dB} = 46 \,\text{〔dB〕}$ の真数 A_V を求めると，

$A_{dB} = 46 = 40 + 6$

$A_V = 100 \times 2 = 200$

(5) 三角関数

図 38 に示すような半径 r の円周上の点 P において，x 軸と y 軸上の長さを a, b とすると，それらの比は次式のように三角関数で表されます．

$\underset{\text{サインシータ}}{\sin \theta} = \dfrac{b}{r}$

$\underset{\text{コサインシータ}}{\cos \theta} = \dfrac{a}{r}$

$\underset{\text{タンジェントシータ}}{\tan \theta} = \dfrac{b}{a}$

これらの逆数の関数もありますが，無線工学では $\sec \theta$ のみが使われます．

$\underset{\text{セカントシータ}}{\sec \theta} = \dfrac{1}{\cos \theta} = \dfrac{r}{a}$

〔三角関数の公式〕

$\tan \theta = \dfrac{\sin \theta}{\cos \theta}$

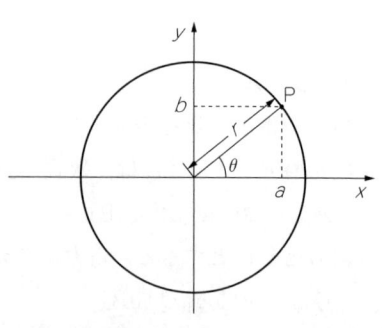

図 38　半径 r の円

〔三角関数の数値〕

θ 〔°〕	0	30	45	60	90
θ 〔rad〕	0	$\pi/6$	$\pi/4$	$\pi/3$	$\pi/2$
sin	0	$1/2$	$1/\sqrt{2}$	$\sqrt{3}/2$	1
cos	1	$\sqrt{3}/2$	$1/\sqrt{2}$	$1/2$	0
tan	0	$1/\sqrt{3}$	1	$\sqrt{3}$	∞

(6) 複素数とベクトル

　交流や高周波の電圧や電流は，時間とともに変化する sin 関数として表すことができます．抵抗，コイル，コンデンサを直列に接続した回路に電流が流れているとき，それぞれに加わる電圧は大きさや位相が異なります．このような電流や電圧は，大きさと位相差を持ったベクトル量として計算します．

　大きさと位相を表すベクトル量は，**図 39** のように直角に引かれた実軸と虚軸で示される平面上の位置で表されます．このとき，虚数は j の虚数記号を付けて表して，複素数は次式のように表されます．

　　$\dot{Z} = R + jX$

　$\dot{Z}$ は複素数，R は実数，jX は虚数を表します．

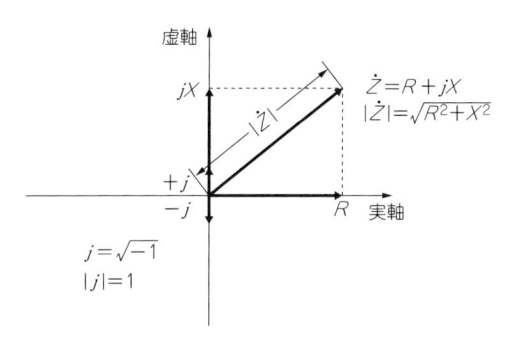

図 39　複素数とベクトル

〔複素数の公式〕

　　$j = \sqrt{-1}$

　　$j^2 = j \times j = -1$

　　$\dfrac{1}{j} = \dfrac{j}{j \times j} = \dfrac{j}{-1} = -j$

$\dot{Z}_1 = R_1 + jX_1$, $\dot{Z}_2 = R_2 + jX_2$ のとき,
$\dot{Z}_1 + \dot{Z}_2 = (R_1 + R_2) + j(X_1 + X_2)$
$\dot{Z}_1 - \dot{Z}_2 = (R_1 - R_2) + j(X_1 - X_2)$
$\dot{Z}$ の大きさは $|\dot{Z}|$ または Z で表して,
$|\dot{Z}| = Z = \sqrt{R^2 + X^2}$
　　　　　↑ 大きさを計算するときは j を付けない.

〔計算例〕

$$\frac{1}{j\omega C} = -j\frac{1}{\omega C}$$

$$\frac{1}{R+jX} = \frac{R-jX}{(R+jX)\times(R-jX)}$$

$$= \frac{R-jX}{R^2 - jXR + jXR - j^2X^2}$$

$$= \frac{R}{R^2+X^2} - j\frac{X}{R^2+X^2}$$

9. 単位の接頭語

単位の倍数を表す接頭語

名称	テラ	ギガ	メガ	キロ	センチ	ミリ	マイクロ	ピコ
記号	T	G	M	k	c	m	μ	p
数値	10^{12}	10^{9}	10^{6}	10^{3}	10^{-2}	10^{-3}	10^{-6}	10^{-12}

〔計算例〕

$10 \,[\text{MHz}] = 10 \times 10^6 \,[\text{Hz}] = 10^{1+6} \,[\text{Hz}] = 10^7 \,[\text{Hz}]$

$30 \,[\text{pF}] = 30 \times 10^{-12} \,[\text{F}] = 3 \times 10^{1-12} \,[\text{F}] = 3 \times 10^{-11} \,[\text{F}]$

$10 \,[\mu\text{H}] = 10 \times 10^{-6} \,[\text{H}] = 1 \times 10^{1-6} \,[\text{H}] = 1 \times 10^{-5} \,[\text{H}]$

索 引

【数字・英字】

$\frac{1}{4}$ 波長垂直接地アンテナ ・・・・・171
AGC 回路 ・・・・・・・・・・・・・・・・・・147
FOT ・・・・・・・・・・・・・・・・・・・・・199
h パラメータ ・・・・・・・・・・・・・・・113
LUF ・・・・・・・・・・・・・・・・・・・・・199
MUF ・・・・・・・・・・・・・・・・・・・・197
OP アンプ・・・・・・・・・・・・・・・・・124
SWR ・・・・・・・・・・・・・・・・・・・・186

【ア行】

アドミタンス ・・・・・・・・・・・・・・・・85
安定化電源回路 ・・・・・・・・・・・・166
安定抵抗 ・・・・・・・・・・・・・・・・・167
アンテナの利得 ・・・・・・・・・・・・174
アンペアの法則 ・・・・・・・・・・・・・39
インダクタンス ・・・・・・・・・・・・・・77
インピーダンス ・・・・・・・・・・・・・75
影像周波数 ・・・・・・・・・・・・・・・148
オームの法則 ・・・・・・・・・・・・・・・43

【カ行】

下側波 ・・・・・・・・・・・・・・・・・・139
可動コイル形電流計 ・・・・・・・・201
過渡現象 ・・・・・・・・・・・・・・・・・・64
帰還回路の帰還率 ・・・・・・・・・・122
起電力 ・・・・・・・・・・・・・・・・・・・52
給電線の特性インピーダンス ・・183
給電点インピーダンス ・・・・・・・170
共振回路 ・・・・・・・・・・・・・・・・・93
共振回路の Q ・・・・・・・・・・・・・98
共振周波数 ・・・・・・・・・・・・・・・94
局部発振器 ・・・・・・・・・・・・・・・147
キルヒホッフの法則 ・・・・・・・・・・44
クーロンの法則 ・・・・・・・・・・・・・11
検波器 ・・・・・・・・・・・・・・・・・・147
高周波増幅器 ・・・・・・・・・・・・・146
弧度法 ・・・・・・・・・・・・・・・72, 192
コルピッツ発振回路 ・・・・・・・・134
コンダクタンス ・・・・・・・・・・・・・85
コンデンサ ・・・・・・・・・・・・・・・・25

【サ行】

最高使用可能周波数 ・・・・・・・・197
最低使用可能周波数 ・・・・・・・・199
最適使用周波数 ・・・・・・・・・・・199
サセプタンス ・・・・・・・・・・・・・・85
磁界 ・・・・・・・・・・・・・・・・・・・・20
磁気に関するクーロンの法則 ・・・19
磁極 ・・・・・・・・・・・・・・・・・・・・19
指数 ・・・・・・・・・・・・・・・・・・・・12
自然対数の底 ・・・・・・・・・・・・・65
磁束 ・・・・・・・・・・・・・・・・・・・・20
磁束密度 ・・・・・・・・・・・・・・・・・20
実効高 ・・・・・・・・・・・・・・・・・179
実効値 ・・・・・・・・・・・・・・・・・・70

実効長 ·················· 179
実効抵抗 ················ 172
時定数 ··················· 65
周波数混合器 ············ 147
周波数変換器 ············ 147
瞬時値 ··················· 69
瞬時電力 ················ 102
上側波 ·················· 139
常用対数 ················ 126
磁力線密度 ··············· 20
真空の透磁率 ············· 19
真空の誘電率 ············· 11
信号波 ·················· 137
振幅変調 ················ 137
スーパ・ヘテロダイン受信機
 ······················· 146
スタック配置 ············ 181
正割法則 ················ 197
正弦波交流 ··············· 70
静電エネルギー ··········· 38
静電容量 ················· 23
整流器 ·················· 156
セカント法則 ············ 197
絶対利得 ················ 174
尖頭電力 ················ 145
全波整流回路 ············ 156
相対利得 ················ 174
損失抵抗 ················ 172

【タ行】

ダイオードの耐圧 ········ 159

大地反射波 ·············· 191
短縮率 ·················· 170
短絡電流 ················· 53
中間周波増幅器 ·········· 147
直接波 ·················· 191
ツェナー・ダイオード ···· 166
抵抗 ····················· 43
低周波増幅器 ············ 147
定電圧電源回路 ·········· 166
デシベル ················ 126
電圧計 ·················· 203
電圧源 ··················· 52
電圧降下 ················· 44
電圧定在波比 ············ 186
電圧反射係数 ············ 186
電圧変動率 ·············· 163
電位 ····················· 22
電荷 ····················· 11
電界 ····················· 17
電界強度 ················ 177
電気力線 ················· 12
電気力線密度 ············· 20
電束 ····················· 20
電束密度 ················· 20
電波の速度 ·············· 185
電離層 ·················· 196
電流計 ·················· 201
電流源 ··················· 53
電流増幅率 ·············· 107
電力 ····················· 60
同軸ケーブル ············ 183

索　引

等方性アンテナ ・・・・・・・・・・・・・・174
トランス ・・・・・・・・・・・・・・・100, 153

【ナ行】

内部抵抗 ・・・・・・・・・・・・・・・・・・・・52

【ハ行】

ハートレー発振回路 ・・・・・・・・・134
バイアス回路 ・・・・・・・・・110, 117
倍率器 ・・・・・・・・・・・・・・・・・・・・・203
波形率 ・・・・・・・・・・・・・・・・・・・・・158
波高率 ・・・・・・・・・・・・・・・・・・・・・158
波長 ・・・・・・・・・・・・・・・・・・・・・・・169
波長短縮率 ・・・・・・・・・・・・・・・・・185
発振条件 ・・・・・・・・・・・・・・・・・・・132
搬送波 ・・・・・・・・・・・・・・・・・・・・・137
反転増幅回路 ・・・・・・・・・・・・・・・124
半導体 ・・・・・・・・・・・・・・・・・・・・・107
半波整流回路 ・・・・・・・・・・・・・・・156
半波長ダイポール・アンテナ
　　　・・・・・・・・・・・・・・・・・・・・・170
ビオ・サバールの法則 ・・・・・・・・41
皮相電力 ・・・・・・・・・・・・・・・・・・・104
非反転増幅回路 ・・・・・・・・・・・・・125
比誘電率 ・・・・・・・・・・・・・・・・・・・・25
フェーザ表示 ・・・・・・・・・・・・・・・・74
負帰還 ・・・・・・・・・・・・・・・・・・・・・121
復調器 ・・・・・・・・・・・・・・・・・・・・・147
ブリッジ整流回路 ・・・・・・・・・・・156
分流器 ・・・・・・・・・・・・・・・・・・・・・202
閉回路 ・・・・・・・・・・・・・・・・・・・・・・44

平均値 ・・・・・・・・・・・・・・・・・・・・・・70
平行2線式給電線 ・・・・・・・・・・・183
ベクトル図 ・・・・・・・・・・・・・・・・・・74
ベクトル量 ・・・・・・・・・・・・・・・・・・13
変圧器 ・・・・・・・・・・・・・・・・・・・・・153
変圧器の効率 ・・・・・・・・・・・・・・・155
変成器 ・・・・・・・・・・・・・・・・・・・・・100
変調度 ・・・・・・・・・・・・・・・・・・・・・138
ホイートストン・ブリッジ ・・・・57
放射効率 ・・・・・・・・・・・・・・・・・・・172
放射抵抗 ・・・・・・・・・・・・・・170, 172

【マ行】

見通し距離 ・・・・・・・・・・・・・・・・・195
ミルマンの定理 ・・・・・・・・・・・・・・53
無効電力 ・・・・・・・・・・・・・・・・・・・104

【ヤ行】

八木アンテナ ・・・・・・・・・・・・・・・180
有効電力 ・・・・・・・・・・・・・・・・・・・104
誘電率 ・・・・・・・・・・・・・・・・・・・・・・24
誘導性リアクタンス ・・・・・・・・・・78
容量性リアクタンス ・・・・・・・・・・78

【ラ行】

ラジアン ・・・・・・・・・・・・・・・・・・・・72
リアクタンス ・・・・・・・・・・・・・・・・74
力率 ・・・・・・・・・・・・・・・・・・・・・・・104
リプル含有率 ・・・・・・・・・・・・・・・162
リプル率 ・・・・・・・・・・・・・・・・・・・162
臨界周波数 ・・・・・・・・・・・・・・・・・197

著者略歴

吉川 忠久（よしかわ ただひさ）

学歴
  東京理科大学物理学科卒業

職歴
  郵政省関東電気通信監理局電波監視官
  日本工学院八王子専門学校専任講師
  中央大学理工学部兼任講師
  明星大学理工学部非常勤講師
  JARD養成講習会嘱託講師

ハム歴
  コールサイン：JH1VIY
  HF500W局，移動50W局を開局

● お問い合わせ，ご質問について

本書についてのお問い合わせ，ご質問などは必ず往復はがきまたは返信用切手を貼った封筒を同封のうえ，下記までお願いします．電話やFAXなどでのお問い合わせには応じられませんので，ご了承ください．

〒112-8619　東京都文京区千石4-29-14　CQ出版社
「基礎からよくわかる無線工学」係

● 本書の複製等について

本書のコピー，スキャン，デジタル化等の無断複製は著作権法上での例外を除き禁じられています．本書を代行業者等の第三者に依頼してスキャンやデジタル化することは，たとえ個人や家庭内の利用でも認められておりません．

JCOPY 〈(社)出版者著作権管理機構委託出版物〉
本書の全部または一部を無断で複写複製（コピー）することは，著作権法上での例外を除き，禁じられています．本書からの複製を希望される場合は，(社)出版者著作権管理機構 (TEL：03-3513-6969) にご連絡ください．

基礎からよくわかる無線工学

2008年9月1日　初版発行　　　　　© 吉川 忠久　2008
2019年10月1日　第6版発行

著　者　吉　川　忠　久
発行人　小　澤　拓　治
発行所　Ｃ Ｑ 出 版 株 式 会 社
　　　　〒112-8619 東京都文京区千石4-29-14
　　　　電　話　編集 03-5395-2149
　　　　　　　　販売 03-5395-2141
　　　　振　替　00100-7-10665

無断転載を禁じます
乱丁・落丁本はお取り替えします

定価はカバーに表示してあります　　編集担当者　甕岡 秀年
ISBN978-4-7898-1175-0　　　　　　イラスト　神崎 真理子/中野 孝信
Printed in Japan　　　　　　　　　DTP　美和印刷株式会社
　　　　　　　　　　　　　　　　　印刷　三晃印刷株式会社
　　　　　　　　　　　　　　　　　製本　星野製本株式会社